漂泊族的簡易快煮鍋食譜

Electric Caldron

gruel

150 道幸福、美味的

粥品

樸樸、咚咚———著

出版序
Foreword

　　許多外宿族常常對於要吃甚麼很煩惱，老是吃那幾家店的食物，覺得很膩，而有些人為了要省錢，則一條土司吃好幾天，或以泡麵維生，長時間下來，不僅危害健康，也不一定能省到錢。

　　《外宿族生活提案》邀請作者樣樣來分享自身外宿的經驗談，樣樣十多歲就一個人在外住宿，有許多外宿族的實戰經驗，不管是吃、住，或其他生活瑣事上的經驗談，都能給年輕人很大的幫助。她常思考薪水要怎麼使用，才能發揮最大的效益，怎麼用少少的錢也可以吃得健康，吃得安心。

　　現在市售的快煮鍋很多，價位都不高，非常適合小資族使用。而且它的功能簡單，只有一個開關，操作簡便。即使廚房新手也不用擔心，絕對讓你輕鬆上手，美味簡單上桌。

　　很多人覺得煮粥好麻煩，要煮很久，一個人外宿要吃到一碗清爽、美味的粥特別難。她建議先把飯煮好，依份量分裝，放在冷凍庫，要煮時再拿出來，放進快煮鍋中，加上肉、海鮮及蔬菜，30 分鐘，一碗熱騰騰的粥就上桌囉！

　　很期待這本《外宿族的生活提案》帶給你新的生活經驗，在家煮碗粥吧！

作者序
Preface

　　我從十幾歲，就一個人獨自在外住及工作，在外住所花費的支出總會高於住在家裡，所以我外宿學會的第一堂課就是「金錢分配」，我從記帳中，分析自己的支出，找出哪些環節是非必要支出，哪些部分是可以再省一點，讓自己的收支先達到平衡，再進一步存錢。

　　在外住宿，除了租屋外，最大的花費應該就是吃飯了，要怎麼讓自己吃的健康，又營養均衡？其實最好的做法是自己下廚，但有些人會嫌做菜麻煩，或覺得很難，但我最近發現一個很便利的料理器具，叫做「快煮鍋」，它能在短時間內烹煮好料理，加上價位不高，不到一天的工資就能購入，這對讓講求快速、便利的小資族，能省了荷包外，還能快速完成料理。

　　對於料理新手來說，剛開始學料理可以先從「粥」開始，因為煮粥是最好入門的，在準備配料和調味時，相對來說都比較簡單，六個步驟內就能完成，不會像大眾認知一樣，覺得很難；再加上，因為快煮鍋烹調時間短，可以快速吃到料理，如果是沒有時間在家烹調的人，快煮鍋是一個很好入門的器具，可以讓自己吃的健康，又省錢。

　　但是雖然快煮鍋容易入門、操作簡單，對料理新手來說，仍有一些小細節須注意，如：使用快煮鍋前要先「開鍋」，在料理時，食材才不會黏鍋底；以及在煮的時候，每種粥都有須注意的小眉角，讓大家都能跟著操作不失敗！

檬檬

目錄 | CONTENTS

CHAPTER 01 快煮鍋入門
Introductory of Electric Caldron

目錄 | CONTENTS

CHAPTER 02　台式稀飯
Taiwanese Congee

CHAPTER
03

廣式粥品
Cantonese Congee

目錄 CONTENTS

CHAPTER 04 配菜
Side Dish

快煮鍋入門

Electric Caldron

INTRODUCTORY

快煮鍋介紹

快煮鍋入門

快煮鍋只要插電就能蒸煮食物,對於想自行煮食卻苦無廚房或無暇開火的外宿族而言是一項必備家電。

以下將詳細介紹快煮鍋的特點。

» 價格需求

快煮鍋價格大多千元有找,其因容量、材質、功能略有些許差異,適合外宿族與單次烹煮份量需求不大的人。

» 材質選用

快煮鍋的內鍋大多是 304 食品級不鏽鋼材質,少數是 316 醫療級不鏽鋼材質。304 不鏽鋼與 316 不鏽鋼材質皆具有耐用、易清潔、不易生鏽等特性,而 316 不鏽鋼的抗腐蝕性比 304 不鏽鋼高。

» 容量需求

依單次烹煮份量來區分,若一次只煮一份餐,可選擇 1 ～ 1.5 公升的小鍋;若一次想煮多份餐,則可買 1.5 公升以上的快煮鍋。

容量檢核表

食用人數	建議容量	可煮份量
□ 1 人	1 ～ 1.5 公升	1 人份
□ 2 人	1.5 ～ 2 公升	2 人份
□ 2 ～ 3 人以上	2 公升以上	多煮,隔餐食用或帶便當

» 加熱功能

1～1.5 公升的小鍋多以簡單操作為主，主打隨煮隨食，即小巧的可加熱電碗。

1.5 公升以上的快煮鍋功能較多，有些會隨鍋附贈蒸籠，主打蒸煮功能兼具，加熱模式也較多選擇，有保溫、加熱、沸騰、連續加熱等，能烹煮較多種美食。

» 安全設計

快煮鍋大都具有防乾燒功能，在過熱或無水時會自動斷電。外殼採用雙層隔熱設計，可以避免在使用時燙傷。鍋蓋為透明設計，可直接看見烹煮的狀況，使用起來更加安全。

» 蒸籠、蒸架

部分產品會贈送蒸籠、蒸架，讓人除了煮之外，還可以蒸。蒸籠和蒸架的材質多以 304 食品級不鏽鋼材質製作。304 食品級不鏽鋼含錳量低於 2%。因錳有害人體健康，食品級不鏽鋼有錳的含量限制。

» 電線收納

部分具有底座分離設計的快煮鍋有電線收納功能，可將電線收納至底座下的收納盤中。

開關鍵有五個模式：斷電、保溫、加熱、沸騰、連續沸騰。

蒸架：可蒸蛋。

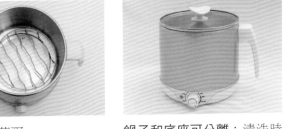

鍋子和底座可分離：清洗時較方便。鍋底有連接底座的孔洞，勿泡在水中。

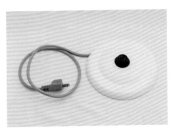

底座正面。

底座背面。

電線可收納：底座背面、底座正面。

食材與工具

快煮鍋入門

ITEM
❶ 食材

米

米

小米

肉類

豬肉片

① 雞肉絲、② 雞腿肉

海鮮類

① 豬肉絲、② 豬絞肉

虱目魚

鱈魚

蝦仁

蛤蜊

蚵仔

花枝

蔥

薑

地瓜

馬鈴薯

芋頭

紅蘿蔔

白蘿蔔

葉菜類

竹筍

洋蔥

香菜

芹菜

小白菜

娃娃菜

高麗菜

地瓜葉

瓜果類

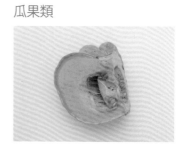

南瓜

豆類

絲瓜

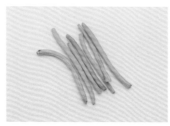

四季豆

豆苗

蕈菇類

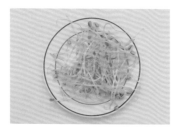

豆芽

金針菇

香菇

其他類

鴻喜菇

木耳

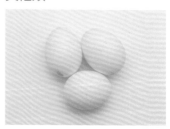

蛋

皮蛋

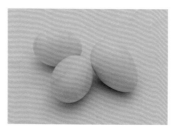

鹹蛋

豆皮

蟹肉棒

玉米筍

綠花菜

筍乾

豆干

海帶

海苔

乾香菇

貢丸

花枝丸

金針菜

蝦米

小魚乾

魩仔魚

火腿與三色豆

綠豆

薏仁

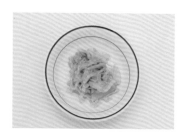

辣筍絲

韓式泡菜

玉米醬

海苔醬

ITEM
❷ 調味料

鹽

① 鮮味炒手、② 鮮雞精

白胡椒粉

紅蔥酥

香鬆

油

海鮮湯塊

香菇湯塊

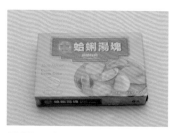

蛤蜊湯塊

❸ 工具

菜刀

切菜板

濾網

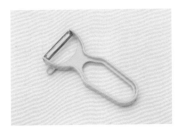

削皮器

刨絲器

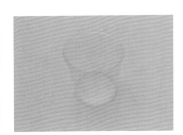

量杯

大湯匙

量匙

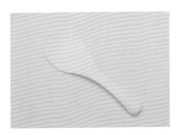

飯勺

洗米盆

隔熱夾

保鮮袋

秤

開鍋

快煮鍋入門

◆ **食材** INGREDIENT

水	2 量杯
白醋	2 量杯

> 🖉 **小叮嚀**
>
> 　　開鍋後鍋子比較不會沾黏，也好清洗，亦可除去鍋子的雜質。

◆ **作法** METHOD

01

將水倒入快煮鍋中。

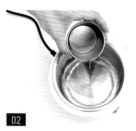

02

將白醋倒入快煮鍋中（若無白醋，用水煮即可）。

03

打開快煮鍋開關。

04

將鍋蓋蓋上。

05

煮至沸騰，打開鍋蓋，將水、白醋倒掉洗淨，再煮一次。

06

即完成開鍋。

洗米

快煮鍋入門

◆ **食材** INGREDIENT

米 ⋯⋯⋯⋯ 2量杯

◆ **食材處理** PROCESS

米：一次可煮兩杯米，
兩杯米約4碗飯。

◆ **作法** METHOD

將兩杯米放入洗米盆中。

加入水。

將手放入洗米盆中。

以畫圈方式攪動米。

持續在洗米盆中以畫圈方式攪動米。

水變混濁時,將洗米水倒入水槽中,一手置於洗米盆緣,讓水自手中流過,避免米隨水流入水槽中。

米粒隨水流下時,以手接住米粒。

再加入清水。

重複沖洗 2 ～ 3 次。

洗完的米會吸滿水,呈白色。

將米靜置於水中約 20 ～ 30 分鐘,再烹煮。

🧭 **小叮嚀**

米需吸飽水分,煮出來會比較好吃,所以洗完米,需讓米靜置於水中約 20 ～ 30 分鐘。

煮飯

快煮鍋入門

ITEM
❶ 台式稀飯

◆ **食材** INGREDIENT

米 —————— 2 量杯

◆ **水** WATER

水量／內鍋 450ml（3杯）：
台式稀飯的米粒需粒粒分
明，無需煮過軟爛。米：
水比約 2：3。

◆ **作法** METHOD

01
將洗好的米倒入快煮鍋中。

02
加入 450ml（3 杯）的水。

03
蓋上鍋蓋。

04
打開快煮鍋開關，轉至沸騰。

05
約煮 10 ～ 15 分鐘。

06
打開鍋蓋，飯已煮好。

❷ 廣式粥品

◆ **食材** INGREDIENT

米 ————— 2量杯

◆ **水** WATER

水量／350ml（3杯），
150ml（1杯）：廣式
粥品的米飯口感軟爛，
且入口即化。米：水
比約1：2。

◆ **作法** METHOD

01

將洗好的米倒入快煮鍋中。

02

加入 450ml（3杯）的水。

03 蓋上鍋蓋。

04 打開快煮鍋開關，轉至沸騰。

05 約煮 10 ～ 15 分鐘。

06 打開鍋蓋。

07 飯已煮好。

08 將水倒入。

09 以飯匙攪拌均勻。

10 再煮 3 分鐘，即為廣式粥品。

 小叮嚀

不同廠牌的快煮鍋，煮的時間不一樣，請自行斟酌。

❸ 分裝及保存

◆ **作法** METHOD

`01`

打開鍋蓋,飯煮好。

`02`

煮完飯後,可以冷水將飯冷卻。

`03`

冷卻後可以塑膠袋將飯包起來。

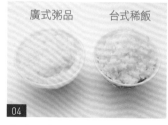

廣式粥品　　　台式稀飯

`04`

台式稀飯與廣式粥品的濕度與稠度不同。

> 🖊 **小叮嚀**
>
> 　2 杯米可煮 4 碗飯,可將多的飯以塑膠袋包起來,放進冷凍庫保存。

川燙

可以瓦斯爐或快煮鍋將不易熟的食材先川燙，如紅蘿蔔、馬鈴薯、地瓜、芋頭等根莖類蔬菜或綠豆、薏仁、小米等。川燙時，一次可川燙多一點，燙完，沖水冷卻後，依所需份量分裝，可置於冷凍庫保存。依食材不同，所需川燙的時間不同。

紅蘿蔔和地瓜川燙方法如下：

ITEM ❶ 瓦斯爐

◆ 食材 INGREDIENT

紅蘿蔔絲

◆ 作法 METHOD

01

以瓦斯爐將水煮滾，將紅蘿蔔絲置於濾網中，再放入熱水中川燙。

02

約煮 1 分鐘，將紅蘿蔔絲燙熟。

03

準備一鍋冷水。

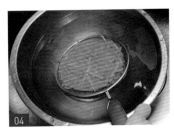

04

將紅蘿蔔絲浸泡於冷水中降溫。

05

也可直接用冷水沖。

ITEM
② 快煮鍋

◆ **食材** INGREDIENT

　地瓜丁

◆ **水** WATER

　水量 450ml：
　川燙蔬菜時，水可依個人
　需求斟酌。

◆ **作法** METHOD

01

在快煮鍋內加入 450ml 的水，
打開快煮鍋電源。

02

加入地瓜丁。

03

約燙 1 分鐘。

04

將地瓜丁燙熟即可以濾網
撈起。

🧭 小叮嚀

① 可先川燙較不易煮熟的根莖類蔬菜，以縮短煮粥時間。

② 其他根莖類蔬菜，如馬鈴薯、芋頭等，也可以此法先川燙，再分裝置於冰箱冷凍庫保存。

食材處理及刀工

快煮鍋入門

❶ 肉類

> **"Tips"** 肉類買回後可先分裝，每份約 30 ~ 40g，以塑膠袋、夾鏈袋包裝，或放入保鮮盒中，置於冷凍庫中。

» 豬肉片

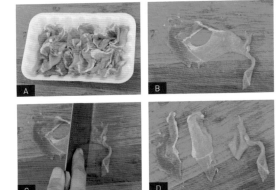

A　豬肉片。

B　將豬肉片攤開。

C　以菜刀切成小片。

D　切成三～四段。

» 雞肉絲

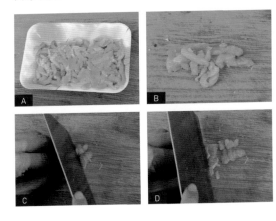

A　雞肉絲。

B　將雞肉絲攤開。

C　以菜刀切。

D　切成小丁。

» 雞腿肉

  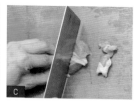

A 將雞腿肉攤開。

B 以菜刀切成長條。

C 切成約1公分寬的條狀。

ITEM
② 海鮮類

"Tips" 海鮮類買回後可先分裝，每份約 30 ～ 40g，以塑膠袋、夾鏈袋包裝，或放入保鮮盒中，置於冷凍庫中。魚和花枝可先切好分裝後再冷凍。

» 花枝

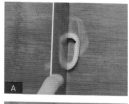 

A 以菜刀從中心切開。

B 將花枝切成兩段。

C 將兩段花枝疊在一起切。

D 將花枝切成長條絲狀。

"Tips" 花枝切成絲狀，滾粥時只需 30 秒燙熟即可。

» 虱目魚

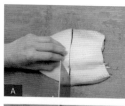 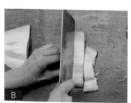

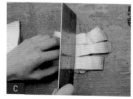 

A 以菜刀從中心將魚切成兩段。

B 取其中一段，將其切成約 2 公分長條狀。

C 再將長條狀轉換方向，從中間切開。

D 即為魚片。

» 鱈魚

 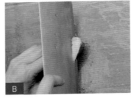 

A 以菜刀從中心切開。

B 從魚的邊緣切成小塊。

C 切成大小相等的魚塊。

ITEM
③ 根莖類蔬菜

"Tips" 根莖類洗淨、削皮後,先切好需要的大小,再分裝,每份約 30 ～ 40g,以塑膠袋、夾鏈袋包裝,或放入保鮮盒中,置於冷凍庫中。

» 地瓜

01／削皮

A 取洗淨的地瓜與削皮器。

B 左手握住地瓜,右手拿削皮器將皮削去。

C 順著地瓜的弧度往下削。

02／切片

A 以菜刀將地瓜對切。

B 對切面朝下,從地瓜的邊緣切下。

C 切成約 0.2 公分的片狀。

03／刨絲 I

A 以刨絲器靠近手把,孔較大的部分來刨絲。

B 左手握刨絲器,右手握地瓜。

C 用右手將地瓜由上往下推。

D 地瓜絲從刨絲器的孔洞被刨出。

04／刨絲 II

A 以刨絲器尖端，孔洞較小的部分來刨絲。

B 用右手將地瓜由上往下推。

C 地瓜絲從刨絲器的孔洞被刨出。

05／切絲

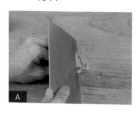 

A 地瓜切片後，可將片疊在一起，沿邊緣切絲。

B 切約 0.1 公分寬。

» 洋蔥

01／剝皮

A 先將洋蔥的蒂頭切除。

B 再將洋蔥從中央切開。

C 將洋蔥外皮剝下。

"**Tips**" 將洋蔥對切後，外皮較容易剝開。

02／切絲

A 將洋蔥橫切面朝下，沿邊緣切下。

B 約切 0.2 公分寬的絲狀。

» 紅蘿蔔

01／削皮

A 取洗淨的紅蘿蔔與削皮器。

B 左手握住紅蘿蔔，右手拿削皮器，將皮削去。

C 順著紅蘿蔔的弧度往下削。

02／切片

A 以紅蘿蔔以菜刀沿邊緣切下。

B 切成約 0.1 公分的片狀。

03／切丁

A 將紅蘿蔔切成長段後立起，取菜刀置於長段上。

B 以菜刀從長段中央切開。

C 將橫切面朝下，切成約 0.5 公分寬。

D 持續切成 0.5 公分寬的切片。

E 將切片切成 0.5 公分寬的長條。

F 將長條沿邊切下。

G 切成 0.5 公分寬的小丁

04／切絲

A 紅蘿蔔切片後，可將片疊在一起，沿邊緣切絲。

B 切成約 0.2 公分寬的絲狀。

» 蔥

切末

A 將蔥尾端切除後，自尾端切起。

B 切成約 0.1 公分寬的細末。

» 竹筍

01／剝皮

A　將竹筍尖端切下。

B　將竹筍根部切除。

C　將菜刀刀尖置於竹筍邊緣。

D　從上到下以菜刀將皮劃一條線。

E　沿著切開的線，將皮剝開。

F　一層一層將皮剝下。

G　只留下內層白色竹筍。

02／切片

  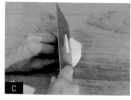 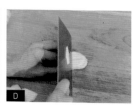

A　將竹筍橫放，以菜刀沿邊緣切下。

B　切成約 0.2 公分的片狀。（可依個人需求決定切片大小。）

C　再將片狀疊起，從中央切開。

D　將筍片橫放，再從中央切開。

④ 葉菜類蔬菜

"**Tips**" 需以報紙包好，放置冰箱冷藏。因葉菜類不宜久放，需於一週內吃完。

» 高麗菜

01／去心

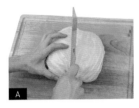  

A　將高麗菜對切。

B　沿菜心的角度斜切，切成兩半。

C　將菜心切下。

02／切絲

A　沿高麗菜中心剖面邊緣切下。

B　切成約 0.2 公分的絲狀。

» 小白菜

切段

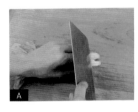 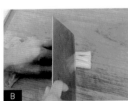 

A　先將小白菜尾端切除。

B　從尾端切起。

C　切成約 3 公分的長段。

» 娃娃菜

切段

A　先將娃娃菜尾端切除。

B　從尾端切起。

C　切成約 5 公分的長段。

» 芹菜

切末

A 將芹菜尾端切除後，自尾端切起。

B 切成約 0.1 公分寬的細末。

» 香菜

切末

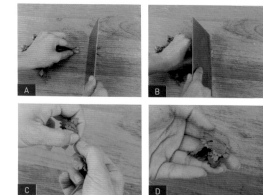

A 將香菜尾端切除。

B 自香菜尾端切起，將香菜的莖部切成約 0.1 公分寬的細末。

C 香菜葉片可以手指摘下。

D 香菜葉片摘下來完成。（註：葉片可放置於 粥上，增加色澤及香氣。）

» 地瓜葉

除根蒂

A 以手指掐住地瓜葉尾端。

B 將根蒂折斷。

C 將根蒂摘除。

"**Tips**" 地瓜葉摘除根蒂後，再用清水洗淨。

⑤ 瓜果類蔬菜

» 南瓜

01／去皮

A　南瓜可以削皮器去皮。

B　也可以菜刀去皮。

02／滾刀

A　以菜刀從南瓜條尾端切起。

B　刀柄方向不動，旋轉南瓜角度，切出大小相同的塊狀。

"Tips"　南瓜非直長條狀，故可以滾刀切法切出大小相同的塊狀。

» 絲瓜

01／去皮

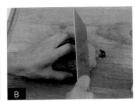

A　將絲瓜的蒂頭切除。

B　將絲瓜的尾端切除。

C　絲瓜可以削皮器去皮。

D　也可以菜刀去皮。

02／切塊

A 　將去完皮的絲瓜沿邊緣切下。

B 　切成約 2 公分的圓片。

C 　再從圓片中央切開。

D 　以圓心為中心切成三角塊狀。

ITEM ⑥ 蕈菇類

» 香菇

01／切片

A 　將香菇頭切下。

B 　從香菇邊緣切起。

C 　切成約 0.2 公分的片狀。

"Tips" 生香菇洗淨後即可使用，而乾香菇需泡水後才能使用。兩者的香氣及口感不同，可依個人喜好選擇。

02／切絲

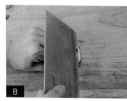
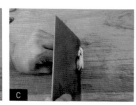

A 　將香菇片疊起。

B 　沿香菇邊緣切起。

C 　切成約 0.2 公分的絲狀。

» 乾香菇

切絲

A 乾香菇需先泡水。

B 沿香菇邊緣切起。

C 切成約 0.2 公分的絲狀。

» 金針菇

切段

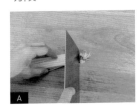  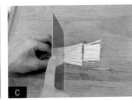

A 先將金針菇尾端切除。

B 從尾端切起。

C 切成約 3 公分的長段。

» 木耳

切絲

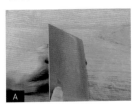 

A 沿木耳邊緣切起。

B 切成約 0.2 公分的絲狀。

8 其他類

» 筍乾
切條

A 從筍乾邊緣切起。

B 斜切成約 0.5 公分的條狀。

» 綠花菜
花梗分開切

A 將綠花菜的梗切下。

B 綠花菜花的部分,依花的形狀切開,大小可依個人喜好斟酌。

C 綠花菜花部分切開完成。

D 用刀將花菜的梗修齊。

E 綠花菜梗的部分可以將外皮去除。

F 將綠花菜梗的四邊外皮去除,留下中間的菜心。

G 將菜心再切成薄片狀。

"**Tips**" 白花菜也可以此法處理。

» 玉米筍
切片

A 從玉米筍尾端切起。

B 切成約 0.2 公分的片狀。

» 四季豆

01／除蒂頭

A 以手指掐住四季豆尾端。

B 將根蒂折斷。

C 將根蒂摘除。

"Tips" 四季豆摘除蒂頭後，再用清水洗淨。

02／切片

A 從四季豆尾端切起。

B 切約 0.2 公分的片狀。

» 菜脯

切小丁

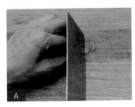 

A 從菜脯尾端切起。

B 切成約 1 公分的小丁。

"Tips"
菜脯比較鹹，切小丁，比較不會太鹹。煮粥時，可加些調味料。

» 豆皮

01／切條

A 豆皮需先泡水，泡軟後可使用。

B 從豆皮邊緣切起。

C 切成約 3 公分的條狀。

"Tips" 豆皮泡水也可去油，若還是覺得太油，可以熱水燙過，去油後再使用。

02／切絲

A 從豆皮邊緣切起。

B 切成約 0.2 公分的絲狀。

» 海帶

01／切絲

A 沿海帶邊緣切起。

B 切成約 0.2 公分的絲狀。

02／切末

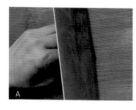 

A 沿海帶邊緣切起。

B 切成約 0.2 公分的絲狀。

» 貢丸

切塊

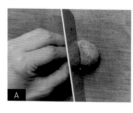 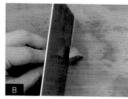

A 從貢丸中央切開。

B 再將切對半的貢丸切成塊。

» 蟹肉棒

01／切塊

  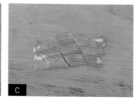

A 將蟹肉棒攤開。

B 以菜刀斜切成等寬的塊狀。

C 切成約 2 公分的塊狀。

02／剝絲

A 用手將蟹肉棒剝開。

B 其原本即是絲狀，因此很容易剝開。

C 剝開後，無需再以刀切。

》皮蛋

切法

A 將皮蛋敲破，剝掉蛋殼。

B 將皮蛋直向對切。

C 再將對半切成三等份

D 然後再對半切。

"Tips" 皮蛋切小塊，煮粥時較易與粥融合，讓粥的口感更滑順。

》鹹蛋

切法

   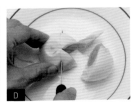

A 將蛋殼敲一道裂縫。

B 剝掉蛋殼。

C 將鹹蛋橫向對切。

D 沿對半的鹹蛋的中心切成三角形小丁。

基本刀工 QRcode

切片動態影片 QRcode　　切絲／切條 動態影片 QRcode　　切末 動態影片 QRcode　　滾刀 動態影片 QRcode

台式稀飯

Taiwanese

CONGEE

芹菜地瓜瘦肉粥

台式稀飯

食材　INGREDIENT

① 飯　　　　　　　　　　　　　　　　約 300g
② 豬肉絲　　　　　　　　　　　　　　40g
③ 地瓜絲　　　　　　　　　　　　　　30g
④ 紅蘿蔔絲　　　　　　　　　　　　　30g
⑤ 芹菜末　　　　　　　　　　　　　½ 茶匙
⑥ 紅蔥酥　　　　　　　　　　　　　½ 茶匙

· 調味料
　　⑦ 鮮味炒手　　　　　　　　　　½ 茶匙

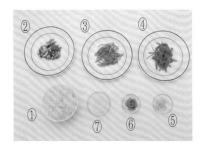

食材處理　PROCESS

① 飯：煮粥前可先將米煮成飯，可縮短煮粥的時間。台式稀飯的飯無需煮太軟爛。（洗米煮飯請見 21 ～ 26 頁。）

② 豬肉絲：若煮少量，肉類可於超市購買，較為方便，超市份量較少，買回後可依每次所需分裝成數包，置於冰箱冷凍保存，煮粥時可直接將肉類取出使用，無須退冰。

③ 地瓜絲：地瓜可切絲或切丁，煮粥時可縮短時間。（地瓜處理及刀工請見 31 頁。）

④ 紅蘿蔔絲：紅蘿蔔比較不容易煮熟，煮粥前建議先川燙，可縮短煮粥時間，紅蘿蔔可切成絲，大小如圖 3。（紅蘿蔔處理及刀工請見 32 頁，蔬菜川燙請見 27 頁。）

⑤ 芹菜末、⑥ 紅蔥酥：粥盛碗後，可撒上芹菜末及紅蔥酥，增添香氣及口感。（芹菜末處理及刀工請見 36 頁。）

⑦ 鮮味炒手：可以用鮮味炒手代替鹽，味道會更鮮美。

水　WATER

水量—— 500ml

作法 METHOD

01 將飯倒入快煮鍋中。

02 在快煮鍋中加入 500ml 的水。

約6分

03 以湯匙將飯拌開,打開快煮鍋電源,轉至加熱,蓋上鍋蓋煮 6 分鐘,直至飯呈濃稠狀。

04 打開鍋蓋,放入地瓜絲及紅蘿蔔絲。

05 加入鮮味炒手。

約10分

06 以湯匙將食材及調味料攪拌均匀,蓋上鍋蓋煮 10 分鐘,將食材煮熟。

07 打開鍋蓋,放入豬肉絲。

08 將豬肉絲燙熟。

09 盛入碗中,撒上紅蔥酥及芹菜末,即可食用。

🧭 **小叮嚀**

若步驟 6 中的紅蘿蔔絲已經川燙過了,只需煮 5 分鐘即可。

綠豆蘿蔔瘦肉粥

飯	約 300g	紅蔥酥	1/2 茶匙
豬肉絲	40g	蔥花	1/2 茶匙
綠豆	30g	**調味料**	
白蘿蔔丁	30g	香菇湯塊	1/3 塊

香菇四季豆瘦肉粥

飯	約 300g	香菜末	1/2 茶匙
豬肉絲	40g	**調味料**	
香菇絲	15g	香菇湯塊	1/3 塊
四季豆	30g		

竹筍金針菇瘦肉粥

飯	約 300g	蔥花	1/2 茶匙
豬肉絲	40g	**調味料**	
竹筍片	30g	鮮味炒手	1/2 茶匙
金針菇	30g		

小白菜馬鈴薯瘦肉粥

飯	約 300g	香鬆	1/2 茶匙
豬肉絲	40g	**調味料**	
馬鈴薯丁	30g	鮮味炒手	1/2 茶匙
小白菜	30g		

Tips 小白菜可以其他葉菜類代替，如地瓜葉或茼蒿。

地瓜葉瘦肉粥

台式稀飯

食 材 INGREDIENT

① 飯 ⋯⋯⋯⋯⋯⋯⋯⋯⋯⋯⋯⋯⋯⋯ 約 300g
② 豬肉絲 ⋯⋯⋯⋯⋯⋯⋯⋯⋯⋯⋯⋯ 40g
③ 香菇絲 ⋯⋯⋯⋯⋯⋯⋯⋯⋯⋯⋯⋯ 10g
④ 地瓜葉 ⋯⋯⋯⋯⋯⋯⋯⋯⋯⋯⋯⋯ 20g
⑤ 香菜末 ⋯⋯⋯⋯⋯⋯⋯⋯⋯⋯⋯⋯ ½ 茶匙

· **調味料**

⑥ 鮮味炒手 ⋯⋯⋯⋯⋯⋯⋯⋯⋯⋯ ½ 茶匙

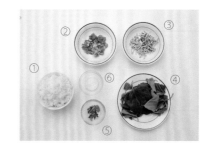

食材處理 PROCESS

① **飯**：煮粥前可先將米煮成飯，可縮短煮粥的時間。台式稀飯的飯無需煮太軟
爛。（洗米煮飯請見 21 ～ 26 頁。）

② **豬肉絲**：豬肉絲可以其他肉類代替，如牛肉或雞肉。

③ **香菇絲**：香菇可以其他的蕈菇類代替，如金針菇、杏鮑菇等。（香菇處理及刀
工請見 38 頁。）

④ **地瓜葉**：地瓜葉也可以其他葉菜類蔬菜代替，如小白菜或茼蒿。（地瓜葉處
理及刀工請見 36 頁。）

⑤ **香菜末**：粥盛碗後，可撒上香菜，增添香氣及口感。（香菜末處理及刀工請見
36 頁。）

⑥ **鮮味炒手**：可以用鮮味炒手代替鹽，味道會更鮮美。

水 WATER

水量—— 500ml

作法 METHOD

將飯倒入快煮鍋中。

在快煮鍋中加入 500ml 的水。

以湯匙將飯拌開，打開快煮鍋電源，轉至加熱，蓋上鍋蓋煮 6 分鐘，直至飯呈濃稠狀。

打開鍋蓋，放入香菇絲。

加入鮮味炒手。

以湯匙將食材及調味料攪拌均勻，蓋上鍋蓋煮 10 分鐘，將食材煮熟。

打開鍋蓋，放入豬肉絲，將豬肉絲燙熟。

加入地瓜葉。

約煮 30 秒，將地瓜葉燙熟。

盛入碗中，撒上香菜末，即可食用。

> 🖊 小叮嚀
>
> ◆ 地瓜葉易熟，只需煮 30 秒即可。
> ◆ 本食譜口味較為清淡，若想吃鹹一些，鮮味炒手可加 1 茶匙。

蝦米金針菇瘦肉粥

飯	約 300g	芹菜末	½ 茶匙
豬肉絲	40g	**調味料**	
蝦米	15g	蛤蜊湯塊	⅓ 塊
金針菇	20g		

海帶豆皮瘦肉粥

飯	約 300g	蔥花	½ 茶匙
豬肉絲	40g	**調味料**	
海帶絲	15g	香菇湯塊	⅓ 塊
豆皮絲	20g		

玉米筍鴻喜菇瘦肉粥

飯	約 300g	蔥花	½ 茶匙
豬肉絲	40g	**調味料**	
玉米筍片	30g	鮮味炒手	½ 茶匙
鴻喜菇	30g		

薏仁紅蘿蔔瘦肉粥

飯	約 300g	香鬆	½ 茶匙
豬肉絲	40g	**調味料**	
紅蘿蔔丁	30g	鮮味炒手	½ 茶匙
薏仁	30g		

Tips 薏仁可以綠豆代替。

蝦米鴻喜菇肉片粥

台式稀飯

食 材 INGREDIENT

① 飯 .... 約 300g
② 豬肉片 40g
③ 南瓜絲 20g
④ 鴻喜菇 20g
⑤ 地瓜葉 30g
⑥ 蝦米 10g

· 調味料
   ⑦ 鮮味炒手 .... ½ 茶匙

食材處理 PROCESS

① **飯**：煮粥前可先將米煮成飯，可縮短煮粥的時間。台式稀飯的飯無需煮太
   軟爛。（洗米煮飯請見 21～26 頁。）

② **豬肉片**：豬肉片可以其他肉類代替，如牛肉或雞肉。（豬肉片處理及刀工請
   見 29 頁。）

③ **南瓜絲**：南瓜可切成丁或絲，煮粥時可縮短時間。（南瓜處理及刀工請見 37
   頁。）

④ **鴻喜菇**：鴻喜菇可以其他蕈菇類代替，如金針菇或杏鮑菇。

⑤ **地瓜葉**：地瓜也可以其他葉菜類蔬菜代替，如小白菜或茼蒿。（地瓜葉處理
   及刀工請見 36 頁。）

⑥ **蝦米**：蝦米洗淨後需泡水，泡軟後即可使用。也可以蝦皮代替。

⑦ **鮮味炒手**：可以用鮮味炒手代替鹽，味道會更鮮美。

水 WATER

水量── 500ml

作法 METHOD

將飯倒入快煮鍋中。

在快煮鍋中加入 500ml 的水。

以湯匙將飯拌開，打開快煮鍋電源，轉至加熱，蓋上鍋蓋煮 6 分鐘，直至飯呈濃稠狀。

打開鍋蓋，放入鴻喜菇、南瓜絲及蝦米。

加入鮮味炒手。

以湯匙將食材及調味料攪拌均勻，蓋上鍋蓋，約煮 8 分鐘，將食材煮熟。

打開鍋蓋，放入豬肉片，將豬肉片燙熟。

加入地瓜葉，約煮 30 秒，將地瓜葉燙熟。

盛入碗中，即可食用。

🥕 小叮嚀

肉類煮過久會變硬、變老，因此只需在粥裡燙熟即可。

香菇小米肉片粥

飯	約 300g
豬肉片	40g
小米	30g
香菇絲	20g
芹菜末	½ 茶匙

調味料

蛤蜊湯塊	⅓ 塊

辣筍絲山藥肉片粥

飯	約 300g
豬肉片	40g
辣筍絲	15g
山藥丁	30g
蔥花	½ 茶匙

調味料

香菇湯塊	⅓ 塊

木耳豆腐肉片粥

飯	約 300g
豬肉片	40g
木耳絲	20g
豆腐	30g
芹菜末	½ 茶匙

調味料

鮮味炒手	½ 茶匙

南瓜貢丸肉片粥

飯	約 300g
豬肉片	40g
南瓜絲	30g
貢丸丁	20g
香鬆	½ 茶匙

調味料

鮮味炒手	½ 茶匙

 貢丸可以魚丸或花枝丸代替。

豆苗紅蘿蔔肉片粥

台式稀飯

食材 INGREDIENT

① 飯 ——————————————— 約 300g
② 豬肉片 —————————————— 40g
③ 豆苗 ——————————————— 30g
④ 紅蘿蔔絲 ————————————— 20g
⑤ 芹菜末 ———————————— ½ 茶匙

· 調味料
　　⑥ 鮮味炒手 ——————————— ½ 茶匙

食材處理 PROCESS

① 飯：煮粥前可先將米煮成飯，可縮短煮粥的時間。台式稀飯的飯無需煮太軟爛。（洗米煮飯請見 21 ～ 26 頁。）

② 豬肉片：豬肉片也可切成肉絲，可縮短煮粥時間。買回的肉片若是太大塊，也可切成小塊。（豬肉片處理及刀工請見 29 頁。）

③ 豆苗：豆苗洗淨後，可切段，煮粥時較為方便。豆苗營養價值高，適合年長者及孩童食用，若需口感軟爛些，可多煮 3 分鐘。

④ 紅蘿蔔絲：紅蘿蔔絲也可以其他根莖類蔬菜代替，如馬鈴薯絲或地瓜絲。（紅蘿蔔處理及刀工請見 32 頁。）

⑤ 芹菜末：粥盛碗後，可撒上芹菜末，增添香氣及口感。（芹菜末處理及刀工請見 36 頁。）

⑥ 鮮味炒手：可以用鮮味炒手代替鹽，味道會更鮮美。

水 WATER

水量—— 500ml

作法 METHOD

01 將飯倒入快煮鍋中。

02 在快煮鍋中加入 500ml 的水。

約6分

03 以湯匙將飯拌開，打開快煮鍋電源，轉至加熱，蓋上鍋蓋煮 6 分鐘，直至飯呈濃稠狀。

04 打開鍋蓋，放入紅蘿蔔絲。

05 加入鮮味炒手。

約10分

06 以湯匙將食材及調味料攪拌均勻，蓋上鍋蓋煮 10 分鐘，將食材煮熟。

07 打開鍋蓋，放入豬肉片。

08 將豬肉片燙熟。

09 加入豆苗。

10 約煮 30 秒，將豆苗燙熟。

11 盛入碗中，撒上芹菜末，即可食用。

高麗菜地瓜肉片粥

飯	約 300g	香菜末	½ 茶匙
豬肉片	40g	**調味料**	
高麗菜	30g	蛤蜊湯塊	⅓塊
地瓜丁	20g		

蝦米山藥肉片粥

飯	約 300g	芹菜末	½ 茶匙
豬肉片	40g	**調味料**	
蝦米	15g	香菇湯塊	⅓塊
山藥丁	30g		

 蝦米可以蝦皮代替。

豆芽鴻喜菇肉片粥

飯	約 300g	香菜末	½ 茶匙
豬肉片	40g	**調味料**	
豆芽	30g	鮮味炒手	½ 茶匙
鴻喜菇	30g		

海帶魩仔魚肉片粥

飯	約 300g	香鬆	½ 茶匙
豬肉片	40g	**調味料**	
魩仔魚	20g	鮮味炒手	½ 茶匙
海帶	20g		

 魩仔魚可以蝦米或蝦皮代替。

🖊 小叮嚀

　　煮粥時，會先將根莖類及不易煮爛的食材放進鍋中煮熟，然後加入肉類食材，最後加入易熟的葉菜類蔬菜。

豆苗蝦米肉片粥

台式稀飯

食 材 INGREDIENT

① 飯 300g
② 豬肉片 40g
③ 豆苗 15g
④ 芹菜末 .... ½ 茶匙
⑤ 蝦米 15g

· 調味料
　⑥ 鮮味炒手 .... ½ 茶匙

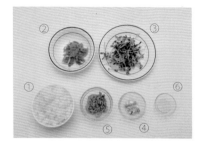

食材處理 PROCESS

① 飯：煮粥前可先將米煮成飯，可縮短煮粥的時間。台式稀飯的飯無需煮太軟爛。（洗米煮飯請見 21 ～ 26 頁。）

② 豬肉片：豬肉片可以其他肉類代替，如牛肉或雞肉。（豬肉片處理及刀工請見 29 頁。）

③ 豆苗：豆苗可以其他葉菜類代替，如小白菜或地瓜葉。

④ 芹菜末：粥盛碗後，可撒上芹菜末，增添香氣及口感。（芹菜末處理及刀工請見 36 頁。）

⑤ 蝦米：蝦米洗淨後需泡水，泡軟後即可使用，也可以蝦皮代替。

⑥ 鮮味炒手：可以用鮮味炒手代替鹽，味道會更鮮美。

水 WATER

水量—— 500ml

01

將飯倒入快煮鍋中。

02

在快煮鍋中加入 500ml 的水。

約6分

03

以湯匙將飯拌開,打開快煮鍋電源,轉至加熱,蓋上鍋蓋煮 6 分鐘,直至飯呈濃稠狀。

04

打開鍋蓋,放入蝦米。

05

加入鮮味炒手。

約5分

06

以湯匙將食材及調味料攪拌均勻,蓋上鍋蓋,並煮 5 分鐘,將食材煮熟。

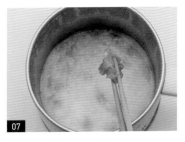

07

打開鍋蓋,放入豬肉片。

08

將豬肉片燙熟。

09

加入豆苗。

10

約煮 30 秒,將豆苗燙熟。

11

盛入碗中,撒上芹菜末,即可食用。

高麗菜玉米筍肉片粥

飯	約 300g	香菜末	½ 茶匙
豬肉片	40g	**調味料**	
高麗菜	30g	鮮味炒手	½ 茶匙
玉米筍片	20g		

海帶貢丸肉片粥

飯	約 300g	芹菜末	½ 茶匙
豬肉片	40g	**調味料**	
海帶	20g	鮮味炒手	½ 茶匙
貢丸丁	20g		

 Tips 豆皮也可以豆腐代替。

金針菇蘿蔔肉片粥

飯	約 300g	香菜末	½ 茶匙
豬肉片	40g	**調味料**	
金針菇	30g	鮮味炒手	½ 茶匙
白蘿蔔丁	30g		

綠豆小米肉片粥

飯	約 300g	香鬆	½ 茶匙
豬肉片	40g	**調味料**	
綠豆	20g	鮮味炒手	½ 茶匙
小米	30g		

 Tips 綠豆及小米可先煮熟後再加入粥中。

🧭 小叮嚀

　　蝦米只需一些就可增添粥的鮮味度，是煮粥時非常好用的食材。買回的蝦米可分裝放入冰箱冷凍，煮粥時拿出泡水，泡軟即可使用。

綠花菜金針菇豬肉粥

台式稀飯

食 材 INGREDIENT

① 飯　　　　　　　　　　　　約 300g
② 豬絞肉　　　　　　　　　　　40g
③ 綠花菜　　　　　　　　　　　30g
④ 蔥花　　　　　　　　　　½ 茶匙
⑤ 金針菇　　　　　　　　　　　30g

· 調味料
　⑥ 鮮味炒手　　　　　　　　½ 茶匙

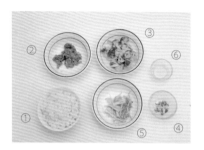

食材處理 PROCESS

① **飯**：煮粥前可先將米煮成飯，可縮短煮粥的時間。台式稀飯的飯無需煮太軟爛。（洗米煮飯請見 21 ～ 26 頁。）

② **豬絞肉**：絞肉口感較為軟嫩，也較易熟，適合年長者及孩童食用。

③ **綠花菜**：綠花菜較不易熟，若想要口感軟爛些，可多煮 3 分鐘，但其顏色恐會偏暗。（綠花菜處理及刀工請見 40 頁。）

④ **蔥花**：粥盛碗後，可撒上蔥花，增添香氣及口感。（蔥花處理及刀工請見 33 頁。）

⑤ **金針菇**：金針菇可以其他蕈菇類代替，如鴻喜菇或杏鮑菇。（金針菇處理及刀工請見 39 頁。）

⑥ **鮮味炒手**：可以用鮮味炒手代替鹽，味道會更鮮美。

水 WATER

水量—— 500ml

作法 METHOD

01

將飯倒入快煮鍋中。

02

在快煮鍋中加入 500ml 的水。

約6分

03

以湯匙將飯拌開,打開快煮鍋電源,轉至加熱,蓋上鍋蓋煮 6 分鐘,直至飯呈濃稠狀。

04

打開鍋蓋,放入綠花菜及金針菇。

05

加入鮮味炒手。

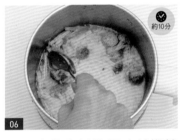

約10分

06

以湯匙將食材及調味料攪拌均勻,蓋上鍋蓋煮 10 分鐘,將食材煮熟。

07

打開鍋蓋,放入豬絞肉。

08

以湯匙攪拌,約煮 30 秒,將豬絞肉燙熟。

09

盛入碗中,撒上蔥花,即可食用。

🖊 小叮嚀

以快煮鍋煮粥時,需經常攪拌,因粥品較為黏稠,鍋底較易燒焦。

蟹肉棒玉米筍豬肉粥

飯	約 300g
豬絞肉	40g
蟹肉棒	30g
玉米筍片	20g
芹菜末	½ 茶匙

調味料

蛤蜊湯塊	⅓ 塊

木耳蘿蔔豬肉粥

飯	約 300g
豬絞肉	40g
木耳絲	15g
白蘿蔔丁	30g
蔥花	½ 茶匙

調味料

香菇湯塊	⅓ 塊

娃娃菜金針菇豬肉粥

飯	約 300g
豬絞肉	40g
娃娃菜	30g
金針菇	30g
芹菜末	½ 茶匙

調味料

鮮味炒手	½ 茶匙

筍乾薏仁豬肉粥

飯	約 300g
豬絞肉	40g
筍乾	20g
薏仁	30g
香鬆	½ 茶匙

調味料

鮮味炒手	½ 茶匙

Tips 筍乾可以竹筍代替。

海帶蘿蔔豬肉粥

台式稀飯

食材 INGREDIENT

① 飯 .... 約 300g
② 南瓜絲 20g
③ 白蘿蔔塊 30g
④ 豬絞肉 30g
⑤ 金針菇 20g
⑥ 海帶 20g
⑦ 蔥花 .... ½ 茶匙

・調味料
　⑧ 鮮味炒手 .... ½ 茶匙

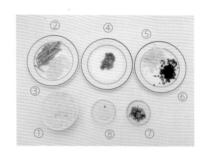

食材處理 PROCESS

① **飯**：煮粥前可先將米煮成飯，可縮短煮粥的時間。台式稀飯的飯無需煮太軟爛。（洗米煮飯請見 21 ～ 26 頁。）

② **南瓜絲**：南瓜可以切丁或切絲，也可以其他根莖類蔬菜代替，如地瓜或蘿蔔。（南瓜處理及刀工請見 37 頁。）

③ **白蘿蔔塊**：白蘿蔔加入粥中可增添粥的甜味，白蘿蔔可切塊或切小丁。

④ **豬絞肉**：豬絞肉買回可分裝後，放入冰箱冷凍，使用時可取出直接放入鍋中烹煮。

⑤ **金針菇**：金針菇可以其他的蕈菇類代替，如鴻喜菇、杏鮑菇等。（金針菇處理及刀工請見 39 頁。）

⑥ **海帶**：海帶洗淨後，可切絲或切碎末。（海帶處理及刀工請見 42 頁。）

⑦ **蔥花**：粥盛碗後，可撒上蔥花，增添香氣及口感。（蔥花處理及刀工請見 33 頁。）

⑧ **鮮味炒手**：可以用鮮味炒手代替鹽，味道會更鮮美。

水 WATER

水量── 500ml

作法 METHOD

01

將飯倒入快煮鍋中。

02

在快煮鍋中加入 500ml 的水。

約6分

03

以湯匙將飯拌開,打開快煮鍋電源,轉至加熱,蓋上鍋蓋煮 6 分鐘,直至飯呈濃稠狀。

04

打開鍋蓋,放入南瓜絲、金針菇、海帶及白蘿蔔。

05

加入鮮味炒手。

約10分

06

以湯匙將食材及調味料攪拌均勻,蓋上鍋蓋煮 10 分鐘,將食材煮熟。

07

打開鍋蓋,放入豬絞肉。

08

以湯匙攪拌,將豬絞肉燙熟。

09

盛入碗中,撒上蔥花,即可食用。

🧭 小叮嚀

　　海帶熱量低,富含高纖維質,可增加包足感。適合年長者及孩童食用,若需口感軟爛可多煮 5 分鐘。

香菇豆苗豬肉粥

飯	約 300g	芹菜末	½ 茶匙
豬絞肉	40g	**調味料**	
香菇絲	20g	香菇湯塊	⅓ 塊
豆苗	30g		

薑絲絲瓜豬肉粥

飯	約 300g	芹菜末	½ 茶匙
豬絞肉	40g	**調味料**	
薑絲	15g	鮮味炒手	½ 茶匙
絲瓜塊	30g		

四季豆馬鈴薯豬肉粥

飯	約 300g	香菜末	½ 茶匙
豬絞肉	40g	**調味料**	
四季豆	30g	鮮味炒手	½ 茶匙
馬鈴薯丁	30g		

薏仁玉米筍豬肉粥

飯	約 300g	香鬆	½ 茶匙
豬絞肉	40g	**調味料**	
薏仁	30g	鮮味炒手	½ 茶匙
玉米筍	30g		

 Tips 薏仁可先煮熟後再加入粥中。

高麗菜海帶豬肉粥

台式稀飯

食材 INGREDIENT

① 飯	300g
② 高麗菜絲	50g
③ 海帶末	20g
④ 白蘿蔔丁	20g
⑤ 紅蘿蔔丁	20g
⑥ 豬絞肉	40g
⑦ 香菜末	½ 茶匙
⑧ 紅蔥酥	½ 茶匙

·調味料

⑨ 鮮味炒手	½ 茶匙

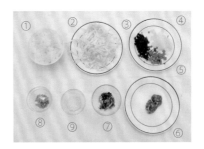

食材處理 PROCESS

① 飯：煮粥前可先將米煮成飯，可縮短煮粥的時間。台式稀飯的飯無需煮太軟爛。（洗米煮飯請見 21 ～ 26 頁。）

② 高麗菜絲：高麗菜可切絲，煮粥時可縮短時間。（高麗菜處理及刀工請見 35 頁。）

③ 海帶末：海帶洗淨後，可切絲或切碎末，海帶營養價值高，熱量低，極適合煮粥。（海帶處理及刀工請見 42 頁。）

④ 白蘿蔔丁：白蘿蔔洗淨，去皮，可切塊或切丁，煮粥加入白蘿蔔可增加甜味。

⑤ 紅蘿蔔丁：紅蘿蔔較不易熟，可以先川燙後，再加入粥中，紅蘿蔔可切絲或切丁。（紅蘿蔔處理及刀工請見 32 頁，蔬菜川燙請見 27 頁。）

⑥ 豬絞肉：豬絞肉可以其他肉類代替，如牛肉或雞肉。

⑦ 香菜末、⑧ 紅蔥酥：粥盛碗後，可撒上香菜末及紅蔥酥，增添香氣及口感。（香菜末處理及刀工請見 36 頁。）

⑨ 鮮味炒手：可以用鮮味炒手代替鹽，味道會更鮮美。

水 WATER

水量—— 500ml

作法 METHOD

01 將飯倒入快煮鍋中。

02 在快煮鍋中加入 500ml 的水。

03 以湯匙將飯拌開,打開快煮鍋電源,轉至加熱,蓋上鍋蓋煮 6 分鐘,直至飯呈濃稠狀。

約6分

04 打開鍋蓋,放入高麗菜絲、海帶末、白蘿蔔丁及紅蘿蔔丁。

05 加入鮮味炒手。

06 以湯匙將食材及調味料攪拌均勻,蓋上鍋蓋煮 10 分鐘,將食材煮熟。

約10分

07 打開鍋蓋,放入豬絞肉。

08 用湯匙攪拌,約煮 30 秒,將豬絞肉燙熟。

09 盛入碗中,撒上香菜末及紅蔥酥,即可食用。

🖌 小叮嚀

高麗菜及海帶,若想要口感軟爛一些,可多煮 5 分鐘。

粥的變化配方

海帶豆芽豬肉粥

飯	約 300g	芹菜末	½ 茶匙
豬絞肉	40g	**調味料**	
海帶末	20g	香菇湯塊	⅓ 塊
豆芽	30g		

竹筍山藥豬肉粥

飯	約 300g	芹菜末	½ 茶匙
豬絞肉	40g	**調味料**	
竹筍片	30g	鮮味炒手	½ 茶匙
山藥丁	30g		

辣筍絲鴻喜菇豬肉粥

飯	約 300g	香菜末	½ 茶匙
豬絞肉	40g	**調味料**	
辣筍絲	20g	鮮味炒手	½ 茶匙
鴻喜菇	30g		

 Tips 辣筍絲已有鹹度，也可不用再加調味料。

蝦米地瓜葉豬肉粥

飯	約 300g	香鬆	½ 茶匙
豬絞肉	40g	**調味料**	
蝦米	15g	鮮味炒手	½ 茶匙
地瓜葉	30g		

 Tips 蝦米可以蝦皮代替。

高麗菜雞肉粥

台式稀飯

食材 INGREDIENT

① 飯 .... 約 300g
② 高麗菜絲 80g
③ 雞肉絲 40g
④ 芹菜末 .... ½ 茶匙
⑤ 紅蔥酥 .... ½ 茶匙

· 調味料
　⑥ 鮮雞精 .... ½ 茶匙

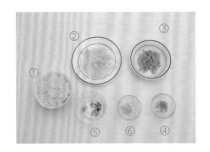

食材處理 PROCESS

① **飯**：煮粥前可先將米煮成飯，可縮短煮粥的時間。台式稀飯的飯無需煮太軟爛。（洗米煮飯請見 21 ～ 26 頁。）

② **高麗菜絲**：高麗菜切絲，可縮短煮粥時間。（高麗菜處理及刀工請見 35 頁。）

③ **雞肉絲**：雞肉絲可以其他肉類代替，如牛肉或豬肉。（雞肉絲處理及刀工請見 29 頁。）

④ **香菜末**、⑤ **紅蔥酥**：粥盛碗後，可撒上香菜末及紅蔥酥，增添香氣及口感。（香菜末處理及刀工請見 36 頁。）

⑥ **鮮雞精**：可以用鮮雞精代替鹽，味道會更鮮美。

水 WATER

水量—— 500ml

01

將飯倒入快煮鍋中。

02

在快煮鍋中加入 500ml 的水。

約6分

03

以湯匙將飯拌開,打開快煮鍋
電源,轉至加熱,蓋上鍋蓋
煮 6 分鐘,直至飯呈濃稠狀。

04

打開鍋蓋,放入高麗菜絲。

05

加入鮮雞精。

約8分

06

以飯匙將食材及調味料攪拌均
勻,蓋上鍋蓋煮 8 分鐘,將食
材煮熟。

07

打開鍋蓋,放入雞肉絲。

08

用湯匙攪拌,約煮 30 秒。

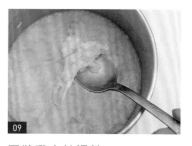

09

已將雞肉絲燙熟。

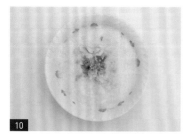

10

盛入碗中,撒上芹菜末和紅
蔥酥,即可食用。

> ### 🧭 小叮嚀
>
> 雞肉粥可以鮮雞精帶提鹽提味,或海鮮類粥品則可
> 以蛤蜊湯塊提味,另外還有香菇湯塊也可交替使用,變
> 換口味。

豆苗玉米筍雞肉粥

飯	約 300g	芹菜末	½ 茶匙
雞肉絲	40g	**調味料**	
豆苗	30g	香菇湯塊	⅓塊
玉米筍片	30g		

綠花菜蘿蔔雞肉粥

飯	約 300g	芹菜末	½ 茶匙
雞肉絲	40g	**調味料**	
綠花菜	30g	鮮味炒手	½ 茶匙
蘿蔔丁	30g		

海帶豆皮雞肉粥

飯	約 300g	香菜末	½ 茶匙
雞肉絲	40g	**調味料**	
海帶末	20g	鮮味炒手	½ 茶匙
豆皮絲	30g		

菜脯竹筍雞肉粥

飯	約 300g	香鬆	½ 茶匙
雞肉絲	40g	**調味料**	
菜脯	15g	鮮味炒手	½ 茶匙
竹筍片	30g		

 Tips 菜脯已有鹹度，也可不用再加調味料。

竹筍金針菇粥

台式稀飯

食材 INGREDIENT

① 飯 300g
② 竹筍片 10g
③ 金針菇 20g
④ 小白菜 30g
⑤ 蔥花 .... ½ 茶匙
⑥ 紅蔥酥 .... ½ 茶匙

· 調味料
　⑦ 鮮雞精 .... ½ 茶匙

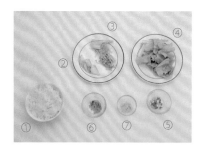

食材處理 PROCESS

① **飯**：煮粥前可先將米煮成飯，可縮短煮粥的時間。台式稀飯的飯無需煮太軟爛。（洗米煮飯請見 21 ～ 26 頁。）

② **竹筍片**：竹筍洗淨，去皮，可切成片或絲。（竹筍處理及刀工請見 34 頁。）

③ **金針菇**：金針菇洗淨，將根部切除，可切成段狀使用。也可以其他的蕈菇類代替，如鴻喜菇、杏鮑菇等。（金針菇處理及刀工請見 39 頁。）

④ **小白菜**：小白菜洗淨後，可切段。也可以其他葉菜類蔬菜代替，如地瓜葉或茼蒿。（小白菜處理及刀工請見 35 頁。）

⑤ **蔥花**、⑥ **紅蔥酥**：粥盛碗後，可撒上蔥花，增添香氣及口感。（蔥花處理及刀工請見 33 頁。）

⑦ **鮮雞精**：可以用鮮雞精代替鹽，味道會更鮮美。

水 WATER

水量—— 500ml

作 法 METHOD

01 將飯倒入快煮鍋中。

02 在快煮鍋中加入 500ml 的水。

約6分

03 以湯匙將飯拌開,打開快煮鍋電源,轉至加熱,蓋上鍋蓋煮 6 分鐘,直至飯呈濃稠狀。

04 打開鍋蓋,放入金針菇及竹筍片。

05 加入鮮雞精。

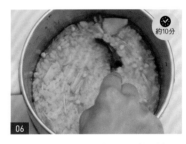

約10分

06 以湯匙將食材及調味料攪拌均勻,蓋上鍋蓋煮 10 分鐘,將食材煮熟。

07 打開鍋蓋,放入小白菜。

08 約煮 30 秒,將小白菜燙熟。

09 盛入碗中,撒上蔥花及紅蔥酥,即可食用。

🥢 小叮嚀

蔬食粥可加入豆類製品,如豆干或豆皮,增加蛋白質攝取。

山藥小米粥

飯	約 300g
山藥塊	30g
小米	30g
芹菜末	½ 茶匙

調味料

香菇湯塊	⅓ 塊

四季豆筍乾粥

飯	約 300g
四季豆片	30g
筍乾丁	20g
芹菜末	½ 茶匙

調味料

鮮味炒手	½ 茶匙

蝦米玉米筍粥

飯	約 300g
蝦米	20g
玉米筍片	30g
香菜末	½ 茶匙

調味料

鮮味炒手	½ 茶匙

南瓜豆皮粥

飯	約 300g
南瓜丁	20g
豆皮絲	20g
香鬆	½ 茶匙

調味料

鮮味炒手	½ 茶匙

 豆皮可以豆干代替。

絲瓜蛤蜊粥

台式稀飯

食 材 INGREDIENT

① 飯 _____ 約 300g
② 蛤蜊 _____ 10 個
③ 金針菇 _____ 20g
④ 絲瓜塊 _____ 30g
⑤ 蝦米 _____ 10g
⑥ 蔥花 _____ ½ 茶匙

· 調味料
  ⑦ 蛤蜊湯塊 _____ ⅓ 塊

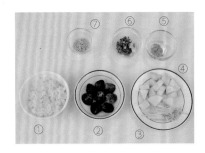

食材處理 PROCESS

① 飯：煮粥前可先將米煮成飯，可縮短煮粥的時間。台式稀飯的飯無需煮太軟爛。（洗米煮飯請見 21 ～ 26 頁。）

② 蛤蜊：洗淨後，泡鹽水，吐沙後，可使用。

③ 金針菇：金針菇可以其他的蕈菇類代替，如鴻喜菇、杏鮑菇等。（金針菇處理及刀工請見 39 頁。）

④ 絲瓜塊：絲瓜洗淨，去皮，可切小塊。（絲瓜處理及刀工請見 37 頁。）

⑤ 蝦米：洗淨後需泡水，泡軟後即可使用。

⑥ 蔥花：粥盛碗後，可撒上蔥花，增添香氣及口感。（蔥花處理及刀工請見 33 頁。）

⑦ 蛤蜊湯塊：可以用蛤蜊湯塊代替鹽，味道會更鮮美。

水 WATER

水量—— 500ml

作法 METHOD

01 將飯倒入快煮鍋中。

02 在快煮鍋中加入 500ml 的水。

約6分

03 以湯匙將飯拌開,打開快煮鍋電源,轉至加熱,蓋上鍋蓋煮 6 分鐘,直至飯呈濃稠狀。

約10分

04 打開鍋蓋,放入蛤蜊、絲瓜塊、金針菇及蝦米,蓋上鍋蓋煮 10 分鐘,將食材煮熟。

05 打開鍋蓋,加入蛤蜊湯塊。

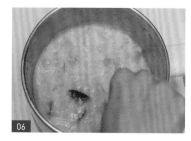

06 以湯匙將調味料攪拌均勻。

07 盛入碗中,撒上蔥花,即可食用。

> 🖉 **小叮嚀**
>
> 　蛤蜊常與絲瓜一起煮,蛤蜊也可以蝦仁或花枝代替。
> 海鮮口味的粥品都可以蛤蜊湯塊調味。

蝦米蛤蜊粥

飯	約 300g
蛤蜊	30g
蝦米	15g
芹菜末	½ 茶匙

調味料

蛤蜊湯塊	⅓ 塊

豆苗蛤蜊粥

飯	約 300g
蛤蜊	30g
豆苗	30g
芹菜末	½ 茶匙

調味料

蛤蜊湯塊	⅓ 塊

海帶蛤蜊粥

飯	約 300g
蛤蜊	30g
海帶	20g
香菜末	½ 茶匙

調味料

蛤蜊湯塊	⅓ 塊

山藥蛤蜊粥

飯	約 300g
蛤蜊	30g
山藥丁	20g
香鬆	½ 茶匙

調味料

蛤蜊湯塊	⅓ 塊

小白菜玉米粥

台式稀飯

食 材 INGREDIENT

① 飯	約 300g
② 小白菜	30g
③ 玉米醬	20g
④ 玉米筍片	20g
⑤ 南瓜絲	20g
⑥ 紅蔥酥	½ 茶匙
⑦ 香菜末	½ 茶匙

· 調味料

⑧ 鮮味炒手	½ 茶匙

食材處理 PROCESS

① **飯**：煮粥前可先將米煮成飯，可縮短煮粥的時間。台式稀飯的飯無需煮太軟爛。（洗米煮飯請見 21 ～ 26 頁。）

② **小白菜**：洗淨，切段。可以其他葉菜類蔬菜代替，如地瓜葉或茼蒿。（小白菜處理及刀工請見 35 頁。）

③ **玉米醬**：玉米醬已有鹹味，無需再加調味料，可以個人口味斟酌。

④ **玉米筍片**：玉米筍洗淨後，可切薄片，煮粥時可縮短時間。（玉米筍片處理及刀工請見 40 頁。）

⑤ **南瓜絲**：南瓜洗淨，去皮，可切絲或切小丁。南瓜口感綿密細緻，極合適煮粥使用。（南瓜處理及刀工請見 37 頁。）

⑥ **紅蔥酥**、⑦ **香菜末**：粥盛碗後，可撒上香菜末及紅蔥酥，增添香氣及口感。（香菜末處理及刀工請見 36 頁。）

⑧ **鮮味炒手**：可以鮮味炒手代替鹽，味道會更鮮美。

水 WATER

水量—— 500ml

作法 METHOD

01

將飯倒入快煮鍋中。

02

在快煮鍋中加入 500ml 的水。

03 約6分

以湯匙將飯拌開,打開快煮鍋電源,轉至加熱,蓋上鍋蓋煮 6 分鐘,直至飯呈濃稠狀。

04

打開鍋蓋,放入玉米筍、玉米醬及南瓜絲。

05

加入鮮味炒手。

06 約10分

以湯匙將食材及調味料攪拌均勻,蓋上鍋蓋煮 10 分鐘,將食材煮熟。

07

打開鍋蓋,加入小白菜,將小白菜燙熟。

08

盛入碗中,撒上香菜末及紅蔥酥,即可食用。

🖉 小叮嚀

玉米醬與玉米筍合用,其中有玉米醬的甜味及玉米筍爽脆的口感,十分美味。

海帶玉米粥

飯	約 300g	
玉米醬	20g	
海帶末	15g	
芹菜末	½ 茶匙	

調味料

蛤蜊湯塊	⅓ 塊

豆芽玉米粥

飯	約 300g
玉米醬	20g
豆芽	30g
芹菜末	½ 茶匙

調味料

鮮味炒手	½ 茶匙

豆皮玉米粥

飯	約 300g
玉米醬	20g
豆皮絲	20g
香菜末	½ 茶匙

調味料

鮮味炒手	½ 茶匙

地瓜葉玉米粥

飯	約 300g
玉米醬	20g
地瓜葉	30g
香鬆	½ 茶匙

調味料

鮮味炒手	½ 茶匙

馬鈴薯魩仔魚粥

台式稀飯

食材 INGREDIENT

① 飯 ————————————————— 約 300g
② 高麗菜絲 ——————————————— 40g
③ 紅蘿蔔丁 ——————————————— 30g
④ 馬鈴薯丁 ——————————————— 30g
⑤ 魩仔魚 ———————————————— 20g
⑥ 芹菜末 —————————————— ½ 茶匙
⑦ 紅蔥酥 —————————————— ½ 茶匙

· 調味料
　⑧ 鮮味炒手 ————————————— ½ 茶匙

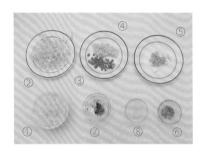

食材處理 PROCESS

① 飯：煮粥前可先將米煮成飯，可縮短煮粥的時間。台式稀飯的飯無需煮太軟爛。（洗米煮飯請見 21 ～ 26 頁。）

② 高麗菜絲：高麗菜切絲，可縮短煮粥的時間。（高麗菜處理及刀工請見 35 頁。）

③ 紅蘿蔔丁：紅蘿蔔洗淨，去皮，可切絲或切丁。（紅蘿蔔處理及刀工請見 32 頁。）

④ 馬鈴薯丁：馬鈴薯可以地瓜或山藥代替，變換口味。

⑤ 魩仔魚：魩仔魚洗淨後即可使用，也可以蝦米或蝦米代替，變換不同口味。

⑥ 芹菜末、⑦ 紅蔥酥：粥盛碗後，可撒上芹菜末及紅蔥酥，增添香氣及口感。（芹菜末處理及刀工請見 36 頁。）

⑧ 鮮味炒手：可以鮮味炒手代替鹽，味道會更鮮美。

水 WATER

水量—— 500ml

作法 METHOD

01

將飯倒入快煮鍋中。

02

在快煮鍋中加入 500ml 的水。

約6分

03

以湯匙將飯拌開,打開快煮鍋電源,轉至加熱,蓋上鍋蓋煮 6 分鐘,直至飯呈濃稠狀。

04

打開鍋蓋,放入高麗菜絲、馬鈴薯丁、紅蘿蔔丁及魩仔魚。

05

加入鮮味炒手。

約8分

06

以湯匙將食材及調味料攪拌均勻,蓋上鍋蓋煮 8 分鐘,將食材煮熟。

07

盛入碗中,撒上芹菜末及紅蔥酥,即可食用。

🖊 小叮嚀

　　魩仔魚常用來煮粥,也可以白粥加魩仔魚,也是十分美味。

豆苗魩仔魚粥

		調味料	
飯	約 300g	蛤蜊湯塊	⅓ 塊
魩仔魚	20g		
豆苗	20g		
芹菜末	½ 茶匙		

竹筍魩仔魚粥

		調味料	
飯	約 300g	鮮味炒手	½ 茶匙
魩仔魚	20g		
竹筍絲	30g		
芹菜末	½ 茶匙		

綠花菜魩仔魚粥

		調味料	
飯	約 300g	鮮味炒手	½ 茶匙
魩仔魚	20g		
綠花菜	30g		
香菜末	½ 茶匙		

香菇魩仔魚粥

		調味料	
飯	約 300g	香菇湯塊	⅓ 塊
魩仔魚	20g		
香菇絲	20g		
香鬆	½ 茶匙		

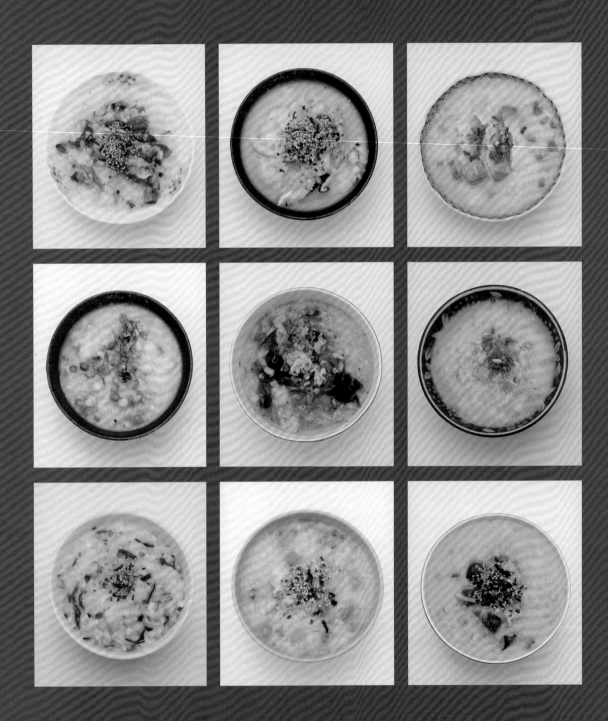

廣式粥品

玉米筍香菇瘦肉粥

廣式粥品

食材　INGREDIENT

① 飯 .... 約 300g
② 豬肉絲 40g
③ 玉米筍片 30g
④ 香菇絲 20g
⑤ 蔥花 .... ½ 茶匙

・調味料
　⑥ 鮮味炒手 .... ½ 茶匙

食材處理　PROCESS

① **飯**：煮粥前，先將米煮成飯，會比較省時。廣式粥品需要口感綿密，煮飯時可煮爛一點。飯的黏稠度如上圖 ❶ 所示。（洗米煮飯請見 21 ～ 26 頁。）

② **豬肉絲**：豬肉絲可切細一點，在燙的時候會比較快熟。

③ **玉米筍片**：玉米筍屬於比較硬、必較難熟的食材，因此要切薄片，越薄越好。（玉米筍片處理及刀工請見 40 頁。）

④ **香菇絲**：香菇絲屬易熟的食材，可切薄片或是切絲。（香菇處理及刀工請見 38 頁。）

⑤ **蔥花**：粥盛碗後，可撒上蔥花，增添香氣及口感。（蔥花處理及刀工請見 33 頁。）

⑥ **鮮味炒手**：可以鮮味炒手代替鹽，味道會更鮮美。

水　WATER

水量—— 500ml

作法 METHOD

01

將飯倒入快煮鍋中。

02

在快煮鍋中加入 500ml 的水。

03

以湯匙將飯拌開，打開快煮鍋電源，轉至加熱，蓋上鍋蓋煮 6 分鐘，直至飯呈濃稠狀。

約6分

04

打開鍋蓋，放入香菇絲及玉米筍片。

05

加入鮮味炒手。

06

以湯匙將食材及調味料攪拌均勻，蓋上鍋蓋，約煮 5 分鐘，將食材煮熟。

約5分

07

打開鍋蓋，放入豬肉絲，約煮 30 秒。

08

已將豬肉絲燙熟。

09

盛入碗中，灑上蔥花，即可食用。

🖊 小叮嚀

◆ 廣式粥品口感細緻綿密，飯的黏稠度可依個人喜好斟酌，喜歡軟爛的可煮久一點。

◆ 若喜歡玉米筍有脆度，可煮 5 分鐘即可，若喜歡軟爛一點可以煮 8 分鐘。

◆ 若喜歡清淡者，鮮味炒手可加 ½ 茶匙，若口味重一點，可加 1 茶匙。

粥的變化配方

泡菜薏仁瘦肉粥

飯	約 300g	芹菜末	½ 茶匙
豬肉絲	40g	**調味料**	
泡菜	20g	鮮味炒手	½ 茶匙
薏仁	30g		

南瓜瘦肉粥

飯	約 300g	**調味料**	
豬肉絲	40g	鮮味炒手	½ 茶匙
南瓜丁	30g		
芹菜末	½ 茶匙		

木耳瘦肉粥

飯	約 300g	**調味料**	
豬肉絲	40g	鮮味炒手	½ 茶匙
木耳絲	30g		
香菜末	½ 茶匙		

馬鈴薯瘦肉粥

飯	約 300g	**調味料**	
豬肉絲	40g	香菇湯塊	⅓塊
馬鈴薯丁	30g		
香鬆	½ 茶匙		

高麗菜皮蛋肉片粥

廣式粥品

食材 INGREDIENT

① 飯 ⟶ 約 300g
② 皮蛋 ⟶ 2 顆
③ 豬肉片 ⟶ 40g
④ 高麗菜絲 ⟶ 50g
⑤ 香鬆 ⟶ ½ 茶匙

· 調味料
⑥ 鮮味炒手 ⟶ ½ 茶匙

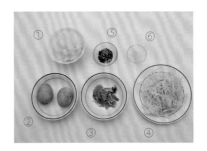

食材處理 PROCESS

① **飯**：煮粥前，先將米煮成飯，會比較省時。廣式粥品需要口感綿密，煮飯時可煮爛一點。飯的黏稠度如上圖 ❶ 所示。（洗米煮飯請見 21 ～ 26 頁。）

② **皮蛋**：廣式粥品常加皮蛋，皮蛋可增加粥品的滑潤度，且皮蛋煮熟後，與粥融合的口感非常對味。（皮蛋處理及刀工請見 43 頁。）

③ **豬肉片**：豬肉片可買薄一點的，煮粥時較快熟，也可將肉片切成絲。（豬肉片處理及刀工請見 29 頁。）

④ **高麗菜絲**：高麗菜買回將外層剝除，可切成絲，煮粥較為方便。（高麗菜處理及刀工請見 35 頁。）

⑤ **香鬆**：粥盛碗後，可撒上香鬆，增添香氣及口感。

⑥ **鮮味炒手**：可以鮮味炒手代替鹽，味道會更鮮美。

水 WATER

水量⟶ 500ml

01 將飯倒入快煮鍋中。

02 在快煮鍋中加入 500ml 的水。

約6分

03 以湯匙將飯拌開,打開電源,轉至加熱,蓋上鍋蓋煮 6 分鐘,直至飯呈濃稠狀。

04 打開鍋蓋,放入高麗菜絲。

05 加入鮮味炒手,以湯匙將食材及調味料攪拌均勻。

06 加入皮蛋。

約5分

07 以湯匙將皮蛋攪拌均勻,蓋上鍋蓋,約煮 5 分鐘,將食材煮熟。

08 打開鍋蓋,放入豬肉片。

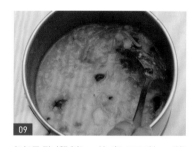

09 以湯匙攪拌,約煮 30 秒,將豬肉片燙熟。

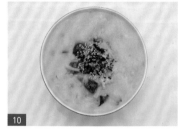

10 盛入碗中,灑上香鬆,即可食用。

> **◎ 小叮嚀**
>
> 廣式粥品常加入蛋,最常見的為皮蛋,皮蛋與粥融合後,口感極佳。另外也會加入鹹蛋或生蛋,都非常對味,會讓粥的潤滑度提升,也增添美味。

豆苗皮蛋肉片粥

飯	約 300g	芹菜末	½ 茶匙
豬肉片	40g	**調味料**	
豆苗	20g	鮮味炒手	½ 茶匙
皮蛋	2 顆		

竹筍皮蛋肉片粥

飯	約 300g	芹菜末	½ 茶匙
豬肉片	40g	**調味料**	
竹筍片	30g	鮮味炒手	½ 茶匙
皮蛋	2 顆		

海帶皮蛋肉片粥

飯	約 300g	香菜末	½ 茶匙
豬肉片	40g	**調味料**	
海帶絲	20g	鮮味炒手	½ 茶匙
皮蛋	2 顆		

豆干皮蛋肉片粥

飯	約 300g	香鬆	½ 茶匙
豬肉片	40g	**調味料**	
豆干丁	30g	香菇湯塊	⅓ 塊
皮蛋	2 顆		

香菇四季豆雞肉粥

廣式粥品

食 材 INGREDIENT

① 飯 .... 約 300g
② 四季豆 30g
③ 香菇片 20g
④ 馬鈴薯丁 20g
⑤ 雞肉絲 40g

· 調味料
　　⑥ 鮮味炒手 .... ½ 茶匙

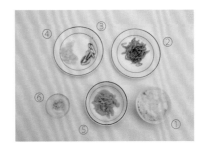

食材處理 PROCESS

① **飯**：煮粥前，先將米煮成飯，會比較省時。廣式粥品需要口感綿密，煮飯時可煮爛一點。飯的黏稠度如上圖 ❶ 所示。（洗米煮飯請見 21 ～ 26 頁。）

② **四季豆片**：四季豆剝除蒂頭後，洗淨，切薄片，煮粥時較易熟。（四季豆處理及刀工請見 41 頁。）

③ **香菇片**：香菇屬易熟的食材，可切薄片或是切絲。（香菇處理及刀工請見 38 頁。）

④ **馬鈴薯丁**：馬鈴薯洗淨，去皮，可切絲或切丁。切完後可置於鹽水中，較不易變黑。

⑤ **雞肉絲**：雞肉絲可切細一點，在燙的時候會比較快熟。（雞肉絲處理及刀工請見 29 頁。）

⑥ **鮮雞精**：可以鮮雞精代替鹽，味道會更鮮美。

水 WATER

水量—— 500ml

作 法 METHOD

01

將飯倒入快煮鍋中。

02

在快煮鍋中加入 500ml 的水。

03

以湯匙將飯拌開,打開快煮鍋電源,轉至加熱,蓋上鍋蓋煮 6 分鐘,直至飯呈濃稠狀。

04

打開鍋蓋,放入香菇片、四季豆片及馬鈴薯丁。

05

加入鮮雞精。

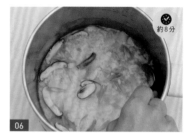

06

以湯匙將食材及調味料攪拌均勻,蓋上鍋蓋,約煮 8 分鐘,將食材煮熟。

07

打開鍋蓋,放入雞肉絲,約煮 30 秒。

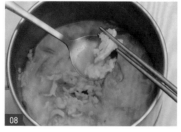

08

已將雞肉絲燙熟。

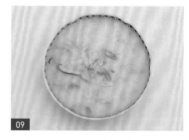

09

盛入碗中,即可食用。

> ### 小叮嚀
>
> ◆ 雞肉粥可以鮮雞精代替鹽調味,也可以香菇雞精調味,變換口味。
>
> ◆ 本食譜口味較為清淡,若喜歡鹹一些,鮮雞精可以加 1 茶匙。

筍乾雞肉粥

飯	約 300g
雞肉絲	40g
筍乾	20g
芹菜末	½ 茶匙

調味料

香菇湯塊	⅓ 塊

菜脯玉米雞肉粥

飯	約 300g
雞肉絲	40g
菜脯	15g
玉米粒	30g
芹菜末	½ 茶匙

調味料

鮮味炒手	½ 茶匙

綠花菜雞肉粥

飯	約 300g
雞肉絲	40g
綠花菜	30g
香菜末	½ 茶匙

調味料

鮮味炒手	½ 茶匙

木耳豆皮雞肉粥

飯	約 300g
雞肉絲	40g
木耳絲	30g
豆皮絲	20g
香鬆	½ 茶匙

調味料

香菇湯塊	⅓ 塊

香菇薏仁雞肉粥

廣式粥品

食 材 INGREDIENT

① 飯 .... 約 300g
② 雞腿肉塊 40g
③ 絲瓜塊 30g
④ 薏仁 30g
⑤ 香鬆 .... ½ 茶匙
⑥ 香菇絲 10g

· 調味料
   ⑦ 鮮雞精 .... ½ 茶匙

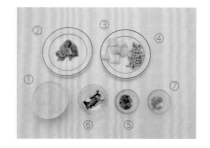

食材處理 PROCESS

① 飯：煮粥前，先將米煮成飯，會比較省時。廣式粥品需要口感綿密，煮飯時可煮爛一點。飯的黏稠度如上圖 ❶ 所示。（洗米煮飯請見 21 ～ 26 頁。）

② 雞腿肉塊：若只需煮一人份，肉類可在超市購買小份量包，雞腿肉塊有大有小，可以個人需要挑選，買回的雞腿肉可再切小塊，煮粥時較易熟。（雞腿肉處理及刀工請見 29 頁。）

③ 絲瓜塊：絲瓜洗淨，去皮，可切小塊。（絲瓜處理及刀工請見 37 頁。）

④ 薏仁：薏仁洗淨後，泡水 20 分鐘，煮熟後再加入粥中，可縮短煮粥時間。

⑤ 香菇絲：香菇屬易熟的食材，可切薄片或是切絲。（香菇絲處理及刀工請見 38 頁。）

⑥ 香鬆：粥盛碗後，可撒上香鬆，增添香氣及口感。

⑦ 鮮雞精：可以鮮雞精代替鹽，味道會更鮮美。

水 WATER

水量—— 500ml

作 法 METHOD

01 將飯倒入快煮鍋中。

02 在快煮鍋中加入 500ml 的水。

03 以湯匙將飯拌開，打開快煮鍋電源，轉至加熱，蓋上鍋蓋煮 6 分鐘，直至飯呈濃稠狀。

約6分

04 打開鍋蓋，放入香菇絲、絲瓜塊、薏仁及雞腿肉塊。

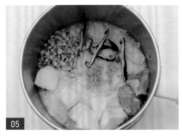

05 加入鮮雞精。

06 以湯匙將食材及調味料攪拌均勻，蓋上鍋蓋，約煮 10 分鐘，將食材煮熟。

約10分

07 盛入碗中，灑上香鬆，即可食用。

小叮嚀

◆ 雞腿肉較不易熟，可與食材同煮。

◆ 絲瓜及薏仁都是降火、消暑的食材，適合夏天食用。

◆ 若想吃蔬食粥，可將雞腿肉以豆類製品代替，如豆干或豆皮。

粥的變化配方

▎馬鈴薯雞肉粥

飯	約 300g	
雞肉絲	40g	
馬鈴薯丁	20g	
芹菜末	½ 茶匙	

調味料

香菇湯塊	⅓ 塊

▎蝦米南瓜雞肉粥

飯	約 300g	
雞肉絲	40g	
南瓜絲	30g	
蝦米	15g	

芹菜末	½ 茶匙

調味料

鮮味炒手	½ 茶匙

▎芋頭雞肉粥

飯	約 300g	
雞肉絲	40g	
芋頭丁	30g	
紅蔥酥	½ 茶匙	

香菜末	½ 茶匙

調味料

鮮味炒手	½ 茶匙

▎娃娃菜南瓜雞肉粥

飯	約 300g	
雞肉絲	40g	
娃娃菜	30g	
南瓜絲	20g	

香鬆	½ 茶匙

調味料

香菇湯塊	⅓ 塊

絲瓜玉米筍雞肉粥

廣式粥品

食材 INGREDIENT

① 飯 ——————————— 約 300g
② 蔥花 ———————————— ½ 茶匙
③ 玉米筍片 ————————— 20g
④ 絲瓜塊 ———————————— 30g
⑤ 雞肉絲 ———————————— 40g

· 調味料
　　⑥ 鮮雞精 ———————— ½ 茶匙

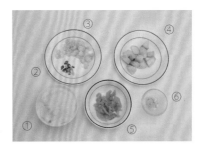

食材處理 PROCESS

① **飯**：煮粥前，先將米煮成飯，會比較省時。廣式粥品需要口感綿密，煮飯時可煮爛一點。飯的黏稠度如上圖 **❶** 所示。（洗米煮飯請見 21 ～ 26 頁。）

② **蔥花**：粥盛碗後，可撒上蔥花，增添香氣及口感。（蔥花處理及刀工見 33 頁。）

③ **玉米筍片**：玉米筍屬於比較硬、必較難熟的食材，因此要切薄片，越薄越好。（玉米筍片處理及刀工請見 40 頁。）

④ **絲瓜塊**：絲瓜洗淨，去皮，可切成小塊。（絲瓜處理及刀工請見 37 頁。）

⑤ **香菇絲**：屬於易熟的食材，可以切薄片或是切絲。（香菇處理及刀工見 38 頁。）

⑥ **雞肉絲**：雞肉絲可切細一點，在燙的時候會比較快熟。（雞肉絲處理及刀工請見 29 頁。）

⑦ **鮮雞精**：可以鮮雞精代替鹽，味道會更鮮美。

水 WATER

水量—— 500ml

作法 METHOD

01

將飯倒入快煮鍋中。

02

在快煮鍋中加入 500ml 的水。

約6分

03

以湯匙將飯拌開,打開快煮鍋電源,轉至加熱,蓋上鍋蓋煮 6 分鐘,直至飯呈濃稠狀。

04

打開鍋蓋,放入絲瓜塊及玉米筍。

05

加入鮮雞精。

約8分

06

以湯匙將食材及調味料攪拌均勻,蓋上鍋蓋,約煮 8 分鐘,將食材煮熟。

07

打開鍋蓋,放入雞肉絲,約煮 30 秒,將雞肉絲燙熟。

08

盛入碗中,灑上蔥花,即可食用。

🔖 小叮嚀

◆ 若喜歡玉米筍有脆度,可煮 5 分鐘即可,若喜歡軟爛一點可以煮 8 分鐘。

◆ 也可以豆類製品代替雞肉絲,如豆干或豆皮,即成蔬食粥。

四季豆小米雞肉粥

飯	約 300g	芹菜末	½ 茶匙
雞肉絲	40g	**調味料**	
四季豆片	20g	香菇湯塊	⅓ 塊
小米	30g		

 Tips 小米可以先煮熟再加入粥中。

綠豆金針菇雞肉粥

飯	約 300g	芹菜末	½ 茶匙
雞肉絲	40g	**調味料**	
綠豆	20g	鮮味炒手	½ 茶匙
金針菇	20g		

蝦米絲瓜雞肉粥

飯	約 300g	香菜末	½ 茶匙
雞肉絲	40g	**調味料**	
絲瓜塊	30g	鮮味炒手	½ 茶匙
蝦米	15g		

地瓜葉蘿蔔雞肉粥

飯	約 300g	香鬆	½ 茶匙
雞肉絲	40g	**調味料**	
地瓜葉	30g	香菇湯塊	⅓ 塊
白蘿蔔丁	30g		

南瓜綠豆雞肉粥

廣式粥品

食 材 INGREDIENT

① 飯 _____ 約 300g
② 綠豆 _____ 30g
③ 南瓜丁 _____ 30g
④ 雞腿肉塊 _____ 40g
⑤ 香鬆 _____ ½ 茶匙
⑥ 辣筍絲 _____ 20g

食材處理 PROCESS

① **飯**：煮粥前，先將米煮成飯，會比較省時。廣式粥品需要口感綿密，煮飯時可煮爛一點。飯的黏稠度如上圖 ❶ 所示。（洗米煮飯請見 21 ～ 26 頁。）

② **綠豆**：綠豆洗淨後，泡水 20 分鐘，先煮熟後，再加入粥中，可縮短煮粥時間。

③ **南瓜丁**：南瓜洗淨，去皮，可切絲或小丁，南瓜口感細緻綿密，極適合煮廣式粥品。（南瓜處理及刀工請見 37 頁。）

④ **雞腿肉塊**：雞腿肉也可以其他肉類代替，若想吃蔬食粥，則可以豆類製品代替，如豆干或豆皮。（雞腿肉處理及刀工請見 29 頁。）

⑤ **香鬆**：粥盛碗後，可撒上香鬆，增添香氣及口感。

⑥ **辣筍絲**：辣筍絲為罐頭製品，已有鹹度，無需再加調味料。

水 WATER

水量—— 500ml

作法 METHOD

01

將飯倒入快煮鍋中。

02

在快煮鍋中加入 500ml 的水。

約6分

03

以湯匙將飯拌開,打開快煮鍋電源,轉至加熱,蓋上鍋蓋煮 6 分鐘,直至飯呈濃稠狀。

04

打開鍋蓋,放入南瓜丁、綠豆及辣筍絲。

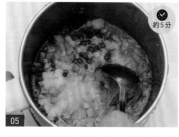

約5分

05

以湯匙將食材及調味料攪拌均勻,蓋上鍋蓋,約煮 5 分鐘,將食材煮熟。

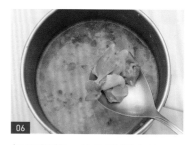

06

打開鍋蓋,放入雞腿肉塊。

07

約煮 2 分鐘,將雞腿肉塊煮熟。

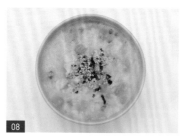

08

盛入碗中,灑上香鬆,即可食用。

📎 **小叮嚀**

◆ 辣筍絲為罐頭製品,也可以其他罐頭製品代替,如醬瓜、韓式泡菜及豆腐乳等,變換不同的口味。

◆ 綠豆也可以薏仁或蓮子代替。

金針菜雞肉粥

飯	約 300g	
雞肉絲	40g	
金針菜	20g	
芹菜末	½ 茶匙	

調味料

香菇湯塊	⅓ 塊

 乾的金針菜需先泡水後可使用。

薏仁豆干雞肉粥

飯	約 300g
雞肉絲	40g
薏仁	20g
豆干丁	20g

芹菜末	½ 茶匙

調味料

鮮味炒手	½ 茶匙

香菇海苔雞肉粥

飯	約 300g
雞肉絲	40g
香菇絲	15g
海苔	20g

香菜末	½ 茶匙

調味料

鮮味炒手	½ 茶匙

海帶鴻喜菇雞肉粥

飯	約 300g
雞肉絲	40g
海帶絲	20g
鴻喜菇	20g

芹菜末	½ 茶匙

調味料

香菇湯塊	⅓ 塊

高麗菜滑蛋雞肉粥

廣式粥品

食材 INGREDIENT

① 飯	約 300g
② 高麗菜絲	30g
③ 香菇絲	15g
④ 蛋	1 顆
⑤ 雞肉絲	20g
⑥ 芹菜末	½ 茶匙

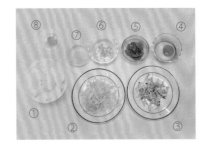

- 調味料
  - ⑦ 鮮味炒手 … ½ 茶匙
  - ⑧ 白胡椒粉 … ½ 茶匙

食材處理 PROCESS

① **飯**：煮粥前，先將米煮成飯，會比較省時。廣式粥品需要口感綿密，煮飯時可煮爛一點。飯的黏稠度如上圖 ❶ 所示。（洗米煮飯請見 21 ～ 26 頁。）

② **高麗菜絲**：高麗菜可先切四塊分裝，一人份只需 ¼ 棵，其餘部分可用廚房紙巾吸乾水分，以塑膠袋分裝，放進冰箱冷藏。葉菜類比較快爛，建議一週內食用完。煮粥時，可將高麗菜切成細絲，煮的時間可以縮短。（高麗菜處理及刀工請見 35 頁。）

③ **香菇絲**：香菇可切絲，煮粥時，較容易煮熟。香菇可切絲後分裝，置於冰箱冷藏，若需放久一點，可以放冷凍保鮮。（香菇處理及刀工請見 38 頁。）

④ **蛋**：煮廣式滑蛋粥時，蛋可均勻打散，或不要全部打散，煮完後會呈現不同的色澤及口感。

⑤ **雞肉絲**：雞肉絲可切細一點，煮粥時比較快熟。（雞肉絲處理及刀工請見 29 頁。）

⑥ **芹菜末**、⑧ **白胡椒粉**：可於裝碗後，在粥上灑些芹菜末及白胡椒粉，增添色澤及風味。（芹菜末處理及刀工請見 36 頁。）

⑦ **鮮味炒手**：可以用鮮味炒手代替鹽，味道會更鮮美。

水 WATER

水量—— 500ml

01

將飯倒入快煮鍋中。

02

在快煮鍋中加入 500ml 的水。

約6分

03

以湯匙將飯拌開,打開電源,轉至加熱,蓋上鍋蓋煮 6 分鐘,直至飯呈濃稠狀。

04

打開鍋蓋,放入香菇絲。

05

加入鮮味炒手。

06

將高麗菜絲放入鍋中。

約5分

07

以飯勺將高麗菜絲拌開,蓋上鍋蓋,並煮 5 分鐘,直至飯呈濃稠狀。

08

打開鍋蓋,放入雞肉絲。蓋上鍋蓋,並煮約 30 秒,將雞肉絲煮熟。

09

打開鍋蓋,將蛋打散。

10

將打散的蛋加入鍋中。

約3分

11

將蛋液拌開,再續煮 3 分鐘,將蛋液煮熟。

12

盛入碗中,加入芹菜末,撒入白胡椒粉,即可食用。

蝦米薏仁滑蛋雞肉粥

飯	約 300g	蛋	1 顆
雞肉絲	40g	芹菜末	½ 茶匙
薏仁	20g	**調味料**	
蝦米	20g	香菇湯塊	⅓ 塊

木耳綠豆滑蛋雞肉粥

飯	約 300g	蛋	1 顆
雞肉絲	40g	芹菜末	½ 茶匙
綠豆	20g	**調味料**	
木耳絲	20g	鮮味炒手	½ 茶匙

菜脯金針菇滑蛋雞肉粥

飯	約 300g	蛋	1 顆
雞肉絲	40g	香菜末	½ 茶匙
金針菇	15g	**調味料**	
菜脯	20g	鮮味炒手	½ 茶匙

四季豆馬鈴薯滑蛋雞肉粥

飯	約 300g	蛋	1 顆
雞肉絲	40g	芹菜末	½ 茶匙
四季豆片	20g	**調味料**	
馬鈴薯丁	30g	香菇湯塊	⅓ 塊

🧭 小叮嚀

◆ 廣式粥品口感綿密軟爛，因此在煮飯時可以煮爛一點，即可縮短煮粥的時間。

◆ 若喜歡高麗菜絲口感爽脆，則可煮 5 分鐘，若喜歡高麗菜絲口感軟爛，可煮 8 分鐘。

泡菜海帶雞肉粥

廣式粥品

食 材 INGREDIENT

① 飯 .... 約 300g
② 海帶 20g
③ 雞腿肉塊 40g
④ 韓式泡菜 30g
⑤ 蔥花 .... ½ 茶匙

・調味料
　　⑥ 鮮雞精 .... ½ 茶匙

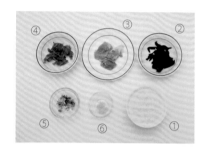

食材處理 PROCESS

① **飯**：煮粥前，先將米煮成飯，會比較省時。廣式粥品需要口感綿密，煮飯時可煮爛一點。飯的黏稠度如上圖 ❶ 所示。（洗米煮飯請見 21 ～ 26 頁。）

② **海帶**：富含營養及高纖維質，熱量低，海帶洗淨後即可使用。（海帶處理及刀工請見 42 頁。）

③ **雞腿肉塊**：雞腿肉塊可切小，煮粥時較易熟。（雞腿肉處理及刀工請見 29 頁。）

④ **韓式泡菜**：韓式泡菜種類繁多，辣度也較多選擇，可依個人需求挑選。

⑤ **蔥花**：粥盛碗後，可撒上蔥花，增添香氣及口感。（蔥花處理及刀工請見 33 頁。）

⑥ **鮮雞精**：可以鮮雞精代替鹽，味道會更鮮美。

水 WATER

水量—— 500ml

作法 METHOD

01
將飯倒入快煮鍋中。

02
在快煮鍋中加入 500ml 的水。

約6分

03
以湯匙將飯拌開，打開快煮鍋
電源，轉至加熱，蓋上鍋蓋
煮 6 分鐘，直至飯呈濃稠狀。

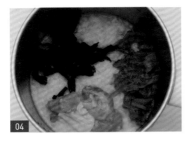

04
打開鍋蓋，放入海帶、雞腿肉
塊及韓式泡菜。

05
加入鮮雞精。

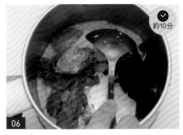

約10分

06
以湯匙將食材及調味料攪拌
均勻，蓋上鍋蓋，約煮 10 分
鐘，將食材煮熟。

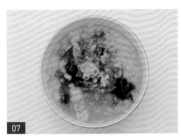

07
盛入碗中，灑上蔥花，即可
食用。

小叮嚀

◆ 韓式泡菜的辣度可依個人需求選擇，若需辣一些
則泡菜可多加一些，或選擇辣度較高的泡菜。

◆ 雞腿肉較不易熟，可煮久一些。

◆ 因泡菜已有鹹味，調味料可自行斟酌使用。

粥的變化配方

豆苗玉米筍雞肉粥

飯	約 300g	芹菜末	½ 茶匙
雞肉絲	40g	**調味料**	
豆苗	20g	香菇湯塊	⅓ 塊
玉米筍片	20g		

香菇花枝丸雞肉粥

飯	約 300g	芹菜末	½ 茶匙
雞肉絲	40g	**調味料**	
香菇片	20g	香菇湯塊	⅓ 塊
花枝丸丁	20g		

辣筍絲豆干雞肉粥

飯	約 300g	芹菜末	½ 茶匙
雞肉絲	40g	**調味料**	
辣筍絲	15g	鮮味炒手	½ 茶匙
豆干條	20g		

海帶竹筍雞肉粥

飯	約 300g	芹菜末	½ 茶匙
雞肉絲	40g	**調味料**	
海帶末	20g	香菇湯塊	⅓ 塊
竹筍片	30g		

高麗菜虱目魚片粥

廣式粥品

食 材 INGREDIENT

① 飯	約 300g
② 虱目魚片	約 50g
③ 金針菇	20g
④ 南瓜丁	20g
⑤ 高麗菜絲	40g
⑥ 紅蔥酥	½ 茶匙
⑦ 蔥花	½ 茶匙

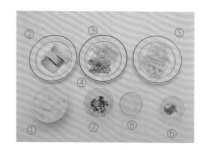

・調味料

⑧ 鮮味炒手	½ 茶匙

食材處理 PROCESS

① 飯：煮粥前，先將米煮成飯，會比較省時。廣式粥品需要口感綿密，煮飯時可煮爛一點。飯的黏稠度如上圖 ❶ 所示。（洗米煮飯請見 21 ～ 26 頁。）

② 虱目魚片：魚洗淨，可切片狀。也可以其他魚類代替。（虱目魚片處理及刀工請見 30 頁。）

③ 金針菇：金針菇洗淨，將根部切除，再切段。（金針菇處理及刀工請見 39 頁。）

④ 南瓜丁：南瓜洗淨，去皮，可切絲或切小丁，南瓜口感綿密細緻，極適合煮廣式粥品。（南瓜處理及刀工請見 37 頁。）

⑤ 高麗菜絲：高麗菜可切絲，煮粥時較易熟。（高麗菜處理及刀工請見 35 頁。）

⑥ 紅蔥酥、⑦ 蔥花：粥盛碗後，可撒上紅蔥酥及蔥花，增添香氣及口感。（蔥花處理及刀工請見 33 頁。）

⑧ 鮮味炒手：可以鮮味炒手代替鹽，味道會更鮮美。

水 WATER

水量—— 500ml

作 法 METHOD

01 將飯倒入快煮鍋中。

02 在快煮鍋中加入 500ml 的水。

03 以湯匙將飯拌開，打開快煮鍋電源，轉至加熱，蓋上鍋蓋煮 6 分鐘，直至飯呈濃稠狀。

04 打開鍋蓋，放入金針菇、高麗菜絲及南瓜丁。

05 加入鮮味炒手。

06 以湯匙將食材及調味料攪拌均勻，蓋上鍋蓋，約煮 5 分鐘，將食材煮熟。

07 打開鍋蓋，放入虱目魚片。

08 約煮 3 分鐘，將虱目魚片燙熟。

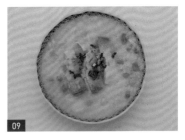

09 盛入碗中，灑上蔥花和紅蔥酥，即可食用。

🧭 小叮嚀

魚可分裝後，置於冰箱冷凍保存，每次取出所需份量烹煮即可。

▌薑絲虱目魚片粥

飯	約 300g	調味料	
虱目魚片	約 50g	香菇湯塊	⅓ 塊
薑絲	20g		
芹菜末	½ 茶匙		

▌玉米筍虱目魚片粥

飯	約 300g	調味料	
虱目魚片	約 50g	香菇湯塊	⅓ 塊
玉米筍片	20g		
芹菜末	½ 茶匙		

▌小白菜虱目魚片粥

飯	約 300g	調味料	
虱目魚片	約 50g	鮮味炒手	½ 茶匙
小白菜	30g		
芹菜末	½ 茶匙		

▌四季豆虱目魚片粥

飯	約 300g	調味料	
虱目魚片	約 50g	香菇湯塊	⅓ 塊
四季豆片	20g		
芹菜末	½ 茶匙		

地瓜葉金針魩仔魚粥

廣式粥品

食 材　INGREDIENT

① 飯　　　　　　　　　　　　約 300g
② 地瓜葉　　　　　　　　　　　　30g
③ 魩仔魚　　　　　　　　　　　　15g
④ 金針菜　　　　　　　　　　　　20g
⑤ 香鬆　　　　　　　　　　½ 茶匙

・調味料
　　⑥ 蛤蜊湯塊　　　　　　　　⅓ 塊

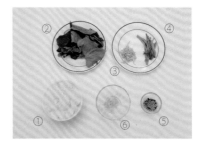

食材處理　PROCESS

① **飯**：煮粥前，先將米煮成飯，會比較省時。廣式粥品需要口感綿密，煮飯時可煮爛一點。飯的黏稠度如上圖 ❶ 所示。（洗米煮飯請見 21 ～ 26 頁。）

② **地瓜葉**：地瓜葉可以其他葉菜類蔬菜代替，如小白菜或茼蒿。（地瓜葉處理及刀工請見 36 頁。）

③ **魩仔魚**：魩仔魚洗淨後即可使用，經常使用於煮粥，也可以蝦米代替。

④ **金針菜**：金針菜洗淨後泡水，泡軟後即可使用，也可以其他蕈菇類代替，如金針菇或鴻喜菇。

⑤ **香鬆**：粥盛碗後，可撒上香鬆，增添香氣及口感。

⑥ **蛤蜊湯塊**：可以蛤蜊湯塊代替鹽，味道會更鮮美。

水　WATER

水量—— 500ml

作 法 METHOD

01

將飯倒入快煮鍋中。

02

在快煮鍋中加入 500ml 的水。

約6分

03

以湯匙將飯拌開,打開快煮鍋電源,轉至加熱,蓋上鍋蓋煮 6 分鐘,直至飯呈濃稠狀。

04

打開鍋蓋,放入金針菜和魩仔魚。

05

加入蛤蜊湯塊。

約5分

06

以湯匙將食材及調味料攪拌均勻,蓋上鍋蓋,約煮 5 分鐘,將食材煮熟。

07

打開鍋蓋,加入地瓜葉。

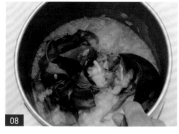

08

以湯匙攪拌,約煮 30 秒,將地瓜葉燙熟。

09

盛入碗中,灑上香鬆,即可食用。

🧭 小叮嚀

魩仔魚常用於煮粥,可將魩仔魚分裝,置於冰箱冷凍保存,每次取出所需份量烹煮即可。

木耳魩仔魚粥

飯	約 300g	調味料	
魩仔魚	20g	香菇湯塊	⅓塊
木耳絲	20g		
芹菜末	½ 茶匙		

金針菜魩仔魚粥

飯	約 300g	調味料	
魩仔魚	20g	香菇湯塊	⅓塊
金針菜	20g		
芹菜末	½ 茶匙		

小白菜魩仔魚粥

飯	約 300g	調味料	
魩仔魚	20g	鮮味炒手	½ 茶匙
小白菜	30g		
芹菜末	½ 茶匙		

四季豆魩仔魚粥

飯	約 300g	調味料	
魩仔魚	20g	香菇湯塊	⅓塊
四季豆片	20g		
芹菜末	½ 茶匙		

蝦米豆芽花枝粥

廣式粥品

食材 INGREDIENT

① 飯 .... 約 300g
② 南瓜絲 20g
③ 紅蘿蔔絲 20g
④ 豆芽 30g
⑤ 蝦米 5g
⑥ 蔥花 .... ½ 茶匙
⑦ 花枝絲 30g

· 調味料
　⑧ 鮮味炒手 .... ½ 茶匙

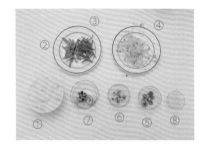

食材處理 PROCESS

① 飯：煮粥前，先將米煮成飯，會比較省時。廣式粥品需要口感綿密，煮飯時可煮爛一點。飯的黏稠度如上圖 ❶ 所示。（洗米煮飯請見 21 ～ 26 頁。）

② 南瓜絲：南瓜洗淨，去皮，可切絲或切丁。（南瓜處理及刀工請見 37 頁。）

③ 紅蘿蔔絲：紅蘿蔔洗淨，去皮，可切絲切小丁。（紅蘿蔔處理及刀工請見 32 頁、蔬菜川燙請見 27 頁。）

④ 豆芽：豆芽洗淨後，可切短後，再烹煮。也可以豆苗或苜蓿芽代替。

⑤ 蝦米：蝦米洗淨後，需先泡水，泡軟後可使用，也可以蝦皮或魩仔魚代替。

⑥ 蔥花：粥盛碗後，可撒上蔥花，增添香氣及口感。（蔥花處理及刀工請見 33 頁。）

⑦ 花枝絲：洗淨後切絲，也可以其他海鮮類代替，如蝦仁或蛤蜊。（花枝處理及刀工請見 30 頁。）

⑧ 鮮味炒手：可以鮮味炒手代替鹽，味道會更鮮美。

水 WATER

水量—— 500ml

作 法 METHOD

將飯倒入快煮鍋中。

在快煮鍋中加入 500ml 的水。

以湯匙將飯拌開，打開快煮鍋電源，轉至加熱，蓋上鍋蓋煮 6 分鐘，直至飯呈濃稠狀。

打開鍋蓋，放入紅蘿蔔絲、南瓜絲、豆芽及蝦米。

加入鮮味炒手。

以湯匙將食材及調味料攪拌均勻，蓋上鍋蓋，約煮 8 分鐘，將食材煮熟。

打開鍋蓋，放入花枝。

以湯匙攪拌，約煮 1 分鐘，將花枝燙熟。

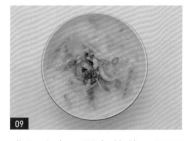

盛入碗中，灑上蔥花，即可食用。

🧭 小叮嚀

◆ 海鮮口味粥品也可以蛤蜊湯塊代替鹽調味。

◆ 若紅蘿蔔已川燙過，則步驟 6 煮 5 分鐘即可。

豆苗花枝粥

飯	約 300g	
花枝絲	20g	
豆苗	20g	
芹菜末	½ 茶匙	

調味料

香菇湯塊	⅓塊

玉米筍花枝粥

飯	約 300g
花枝絲	20g
玉米筍片	20g
芹菜末	½ 茶匙

調味料

香菇湯塊	⅓塊

高麗菜花枝粥

飯	約 300g
花枝絲	20g
高麗菜絲	30g
芹菜末	½ 茶匙

調味料

鮮味炒手	½ 茶匙

娃娃菜花枝粥

飯	約 300g
花枝絲	20g
娃娃菜	20g
香菜末	½ 茶匙

調味料

香菇湯塊	⅓塊

滑蛋木耳蝦仁粥

廣式粥品

食材 INGREDIENT

① 飯 300g
② 木耳絲 20g
③ 蛋 .... 1 顆
④ 蝦仁 30g
⑤ 香鬆 .... ½ 茶匙
⑥ 海苔醬 .... 2 茶匙

· **調味料**
　⑦ 鮮味炒手 .... ½ 茶匙

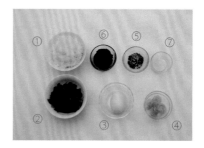

食材處理 PROCESS

① **飯**：煮粥前，先將米煮成飯，會比較省時。廣式粥品需要口感綿密，煮飯時可煮爛一點。飯的黏稠度如上圖 ❶ 所示。（洗米煮飯請見 21 ～ 26 頁。）

② **木耳絲**：木耳含膠原帶白，熱量低，可常食用。木耳洗淨，可切絲。（木耳絲處理及刀工請見 39 頁。）

③ **蛋**：廣式粥品常加入蛋，蛋可增添粥的滑順口感。也可以皮蛋或鹹蛋代替。

④ **蝦仁**：可以蛤蜊或魚片代替。

⑤ **香鬆**：粥盛碗後，可撒上香鬆，增添香氣及口感。

⑥ **海苔醬**：海苔醬已有鹹味，也可不加調味料，依個人口味斟酌。

⑦ **鮮味炒手**：可以鮮味炒手代替鹽，味道會更鮮美。

水 WATER

水量—— 500ml

01

將飯倒入快煮鍋中。

02

在快煮鍋中加入 500ml 的水。

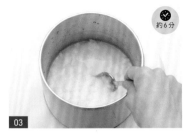

約6分

03

以湯匙將飯拌開,打開電源,轉至加熱,蓋上鍋蓋煮 6 分鐘,直至飯呈濃稠狀。

04

打開鍋蓋,放入木耳。

05

加入鮮味炒手,以湯匙將食材及調味料攪拌均勻。

06

加入海苔醬。

07

以湯匙攪拌均勻。

08

加入蝦仁。

09

以湯匙攪拌均勻,將蝦仁燙熟。

10

加入打散的蛋。

11

以湯匙攪拌均勻,將蛋煮熟。

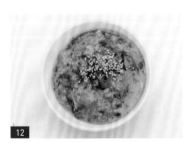

12

盛入碗中,灑上香鬆,即可食用。

粥的變化配方

海帶蝦仁粥

飯	約 300g	
蝦仁	20g	
海帶絲	20g	
芹菜末	½ 茶匙	

調味料

香菇湯塊	⅓塊

鴻喜菇蝦仁粥

飯	約 300g
蝦仁	20g
鴻喜菇	20g
芹菜末	½ 茶匙

調味料

香菇湯塊	⅓塊

山藥蝦仁粥

飯	約 300g
蝦仁	20g
山藥丁	30g
芹菜末	½ 茶匙

調味料

鮮味炒手	½ 茶匙

小白菜豆皮蝦仁粥

飯	約 300g
蝦仁	20g
小白菜	30g
豆皮絲	20g
香菜末	½ 茶匙

調味料

香菇湯塊	⅓塊

🧭 **小叮嚀**

廣式粥品常加入蛋,最常見的為打散的生蛋,稱為滑蛋,可增添粥滑潤的口感。

絲瓜蚵仔粥

廣式粥品

食材 INGREDIENT

① 飯 .... 約 300g
② 蚵仔 40g
③ 南瓜丁 20g
④ 絲瓜塊 30g
⑤ 芹菜末 .... ½ 茶匙
⑥ 紅蔥酥 .... ½ 茶匙

· **調味料**

⑦ 鮮味炒手 .... ½ 茶匙

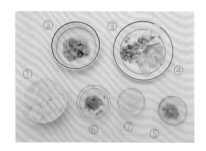

食材處理 PROCESS

① **飯**：煮粥前，先將米煮成飯，會比較省時。廣式粥品需要口感綿密，煮飯時可煮爛一點。飯的黏稠度如上圖 ❶ 所示。（洗米煮飯請見 21 ～ 26 頁。）

② **蚵仔**：洗淨後可使用，也可以蝦仁或蛤蜊代替。

③ **南瓜丁**：南瓜洗淨，去皮，可切丁或切絲。（南瓜處理及刀工請見 37 頁。）

④ **絲瓜**：絲瓜洗淨，去皮，切成小塊。（絲瓜處理及刀工請見 37 頁。）

⑤ **芹菜末**、⑥ **紅蔥酥**：粥盛碗後，可撒上芹菜末及紅蔥酥，增添香氣及口感。（芹菜末處理及刀工請見 36 頁。）

⑦ **鮮味炒手**：可以鮮味炒手代替鹽，味道會更鮮美。

水 WATER

水量—— 500ml

作法 METHOD

01

將飯倒入快煮鍋中。

02

在快煮鍋中加入 500ml 的水。

約6分

03

以湯匙將飯拌開,打開快煮鍋電源,轉至加熱,蓋上鍋蓋煮 6 分鐘,直至飯呈濃稠狀。

04

打開鍋蓋,放入絲瓜塊及南瓜丁。

05

加入鮮味炒手。

約5分

06

以湯匙將食材及調味料攪拌均勻,蓋上鍋蓋,約煮 5 分鐘,將食材煮熟。

07

打開鍋蓋,放入蚵仔。

08

以湯匙攪拌,約煮 30 秒,將蚵仔燙熟。

09

盛入碗中,灑上芹菜末及紅蔥酥,即可食用。

小叮嚀

- 蚵仔可以其他海鮮代替,如魚片,蛤蜊或蝦仁。
- 絲瓜常與蚵仔或蛤蜊一起煮,味道極為鮮美,也可加薑絲去腥味。

蝦米薏仁蚵仔粥

飯	約 300g	芹菜末	½ 茶匙
蚵仔	30g	**調味料**	
蝦米	15g	香菇湯塊	⅓塊
薏仁	20g		

芹菜蘿蔔蚵仔粥

飯	約 300g	**調味料**	
蚵仔	30g	香菇湯塊	⅓塊
蘿蔔丁	30g		
芹菜末	½ 茶匙		

木耳蚵仔粥

飯	約 300g	**調味料**	
蚵仔	30g	鮮味炒手	½ 茶匙
木耳絲	20g		
香菜末	½ 茶匙		

豆芽蚵仔粥

飯	約 300g	**調味料**	
蚵仔	30g	香菇湯塊	⅓塊
豆芽	30g		
香菜末	½ 茶匙		

鹹蛋薏仁木耳粥

廣式粥品

食 材　INGREDIENT

① 飯 ⎯⎯⎯⎯⎯⎯⎯⎯⎯⎯⎯⎯⎯⎯⎯ 約 300g
② 薏仁 ⎯⎯⎯⎯⎯⎯⎯⎯⎯⎯⎯⎯⎯⎯ 30g
③ 鹹蛋 ⎯⎯⎯⎯⎯⎯⎯⎯⎯⎯⎯⎯⎯⎯ 2 顆
④ 木耳絲 ⎯⎯⎯⎯⎯⎯⎯⎯⎯⎯⎯⎯ 30g
⑤ 香鬆 ⎯⎯⎯⎯⎯⎯⎯⎯⎯⎯⎯⎯⎯ ½ 茶匙

・調味料
　⑥ 鮮味炒手 ⎯⎯⎯⎯⎯⎯⎯⎯⎯⎯ ½ 茶匙

食材處理　PROCESS

① 飯：煮粥前，先將米煮成飯，會比較省時。廣式粥品需要口感綿密，煮飯時可煮爛一點。飯的黏稠度如上圖 ❶ 所示。（洗米煮飯請見 21 ～ 26 頁。）

② 薏仁：薏仁洗淨後，先泡水 20 分鐘，煮熟後，再加入粥中可縮短煮粥時間。也可以綠豆或紅豆代替。

③ 鹹蛋：廣式粥品常加入蛋，鹹蛋已有鹹味，無需加調味料，依個人口味斟酌。鹹蛋會讓粥品口感更滑順。（鹹蛋處理及刀工請見 43 頁。）

④ 木耳絲：木耳含膠原蛋白，熱量低，是煮粥極佳的食材，洗淨後可使用，也可以菇類代替。（木耳絲處理及刀工請見 39 頁。）

⑤ 香鬆：粥盛碗後，可撒上香鬆，增添香氣及口感。

⑥ 鮮味炒手：可以鮮味炒手代替鹽，味道會更鮮美。

水　WATER

水量⎯ 500ml

作 法 METHOD

01 將飯倒入快煮鍋中。

02 在快煮鍋中加入 500ml 的水。

約6分

03 以湯匙將飯拌開,打開快煮鍋電源,轉至加熱,蓋上鍋蓋煮 6 分鐘,直至飯呈濃稠狀。

04 打開鍋蓋,放入薏仁及木耳絲。

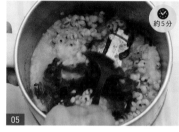

約5分

05 加入鮮味炒手,以湯匙將食材及調味料攪拌均勻,蓋上鍋蓋,約煮 5 分鐘,將食材煮熟。

06 打開鍋蓋,加入鹹蛋,約煮 30 秒。

07 以湯匙攪拌,讓鹹蛋與粥融合。

08 盛入碗中,灑上香鬆,即可食用。

🖌 小叮嚀

鹹蛋極適合加入廣式粥品,因原本就有鹹味,故無需再加調味料。可依個人口味斟酌。

鹹蛋玉米筍貢丸粥

飯	約 300g	芹菜末	½ 茶匙
鹹蛋	2 顆	**調味料**	
玉米筍片	30g	香菇湯塊	⅓ 塊
貢丸丁	20g		

鹹蛋豆苗地瓜粥

飯	約 300g	芹菜末	½ 茶匙
鹹蛋	2 顆	**調味料**	
豆苗	30g	香菇湯塊	⅓ 塊
地瓜丁	30g		

鹹蛋綠豆南瓜粥

飯	約 300g	香菜末	½ 茶匙
鹹蛋	2 顆	**調味料**	
綠豆	20g	鮮味炒手	½ 茶匙
南瓜丁	30g		

鹹蛋鴻喜菇粥

飯	約 300g	**調味料**	
鹹蛋	2 顆	香菇湯塊	⅓ 塊
鴻喜菇	30g		
香菜末	½ 茶匙		

豆芽貢丸小米粥

廣式粥品

食材 INGREDIENT

① 飯 .... 約 300g
② 小米 30g
③ 貢丸丁 25g
④ 豆芽 30g
⑤ 香鬆 .... ½ 茶匙
⑥ 乾香菇絲 5g

· 調味料
　⑦ 鮮雞精 .... ½ 茶匙

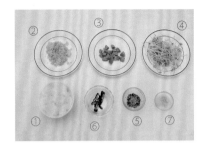

食材處理 PROCESS

①**飯**：煮粥前，先將米煮成飯，會比較省時。廣式粥品需要口感綿密，煮飯時可煮爛一點。飯的黏稠度如上圖 ❶ 所示。（洗米煮飯請見 21 ～ 26 頁。）

②**小米**：小米用濾網洗淨，先煮過再加入粥中。

③**貢丸丁**：貢丸有很多種類，可依個人口味選擇。可切小塊，煮粥時可縮短時間。（貢丸處理及刀工請見 42 頁。）

④**豆芽**：豆芽洗淨後，可切成小段。也可以豆苗或苜蓿芽代替。

⑤**香鬆**：粥盛碗後，可撒上香鬆，增添香氣及口感。

⑥**乾香菇絲**：乾香菇洗淨後，需泡水，泡軟後，可以切薄片或是切絲。（乾香菇處理及刀工請見 38 頁。）

⑦**鮮雞精**：可以鮮雞精代替鹽，味道會更鮮美。

水 WATER

水量—— 500ml

作法 METHOD

01 將飯倒入快煮鍋中。

02 在快煮鍋中加入 500ml 的水。

約6分

03 以湯匙將飯拌開,打開快煮鍋電源,轉至加熱,蓋上鍋蓋煮 6 分鐘,直至飯呈濃稠狀。

04 打開鍋蓋,放入豆芽、小米、貢丸及乾香菇絲。

05 加入鮮雞精。

約5分

06 以湯匙將食材及調味料攪拌均勻,蓋上鍋蓋,約煮 5 分鐘,將食材煮熟。

07 盛入碗中,灑上香鬆,即可食用。

> 🖊 **小叮嚀**
>
> 　貢丸有很多種類,可依個人喜好挑選,也可以魚丸、花枝丸等代替,變換口味。

粥的變化配方

豆苗小米粥

飯	約 300g
小米	30g
豆苗	30g
芹菜末	½ 茶匙

調味料

香菇湯塊	⅓ 塊

南瓜小米粥

飯	約 300g
小米	30g
南瓜丁	30g
芹菜末	½ 茶匙

調味料

香菇湯塊	⅓ 塊

海帶小米粥

飯	約 300g
小米	30g
海帶絲	20g
香菜末	½ 茶匙

調味料

鮮味炒手	½ 茶匙

香菇小米粥

飯	約 300g
小米	30g
香菇絲	20g
香菜末	½ 茶匙

調味料

香菇湯塊	⅓ 塊

綠豆小米粥

廣式粥品

食 材 INGREDIENT

① 飯 .... 約 300g
② 小米 30g
③ 綠豆 30g
④ 薏仁 30g
⑤ 香菜末 .... ½ 茶匙

· 調味料
　⑥ 鮮味炒手 .... ½ 茶匙

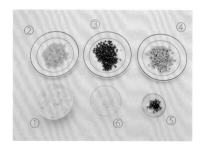

食材處理 PROCESS

① **飯**：煮粥前，先將米煮成飯，會比較省時。廣式粥品需要口感綿密，煮飯時可煮爛一點。飯的黏稠度如上圖 ❶ 所示。（洗米煮飯請見 21 ～ 26 頁。）

② **小米**：小米以濾網洗淨後，先煮熟，再加入粥中，可縮短煮粥時間。

③ **綠豆**：綠豆洗淨後，泡水 20 分鐘，煮熟後再加入粥中。

④ **薏仁**：薏仁洗淨後，泡水 20 分鐘，煮熟後再加入粥中。

⑤ **香菜末**：粥盛碗後，可撒上香菜，增添香氣及口感。（香菜末處理及刀工請見 36 頁。）

⑥ **鮮味炒手**：可以鮮味炒手代替鹽，味道會更鮮美。

水 WATER

水量—— 500ml

作法 METHOD

01
將飯倒入快煮鍋中。

02
在快煮鍋中加入 500ml 的水。

約6分

03
以湯匙將飯拌開,打開快煮鍋
電源,轉至加熱,蓋上鍋蓋
煮 6 分鐘,直至飯呈濃稠狀。

04
打開鍋蓋,放入綠豆、薏仁及
小米。

05
加入鮮味炒手。

約5分

06
以湯匙將食材及調味料攪拌均
勻,蓋上鍋蓋,約煮 5 分鐘。

07
盛入碗中,灑上香菜末,即
可食用。

> 🧭 小叮嚀
>
> 　　綠豆及薏仁為涼性食材,適合夏天食用,可消暑、
> 退火。

高麗菜小米粥

		調味料	
飯	約 300g		
小米	30g	香菇湯塊	1/3 塊
高麗菜	30g		
芹菜末	1/2 茶匙		

地瓜葉小米粥

		調味料	
飯	約 300g		
小米	30g	香菇湯塊	1/3 塊
地瓜葉	30g		
芹菜末	1/2 茶匙		

海苔小米粥

		調味料	
飯	約 300g		
小米	30g	鮮味炒手	1/2 茶匙
海苔	20g		
香菜末	1/2 茶匙		

絲瓜小米粥

		調味料	
飯	約 300g		
小米	30g	香菇湯塊	1/3 塊
絲瓜塊	20g		
香菜末	1/2 茶匙		

薏仁小米粥

廣式粥品

食 材 INGREDIENT

① 飯 _____ 約 300g
② 高麗菜絲 _____ 30g
③ 馬鈴薯丁 _____ 20g
④ 薏仁 _____ 30g
⑤ 小米 _____ 30g
⑥ 蔥花 _____ ½ 茶匙
⑦ 紅蔥酥 _____ ½ 茶匙

· 調味料
　⑧ 鮮味炒手 _____ ½ 茶匙

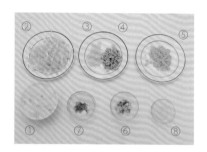

食材處理 PROCESS

① **飯**：煮粥前，先將米煮成飯，會比較省時。廣式粥品需要口感綿密，煮飯時可煮爛一點。飯的黏稠度如上圖 ❶ 所示。（洗米煮飯請見 21 ～ 26 頁。）

② **高麗菜絲**：高麗菜可切成絲，煮粥時可縮短時間。（高麗菜處理及刀工請見 35 頁。）

③ **馬鈴薯丁**：馬鈴薯洗淨，去皮，切成小丁。可以山藥或南瓜等代替，變換口味。

④ **薏仁**：薏仁洗淨，泡水 20 分鐘，煮熟後加入粥中，可縮短煮粥時間。可以綠豆代替。

⑤ **小米**：以濾網洗淨，煮熟後加入粥中，可縮短煮粥時間。

⑥ **蔥花**、⑦ **紅蔥酥**：粥盛碗後，可撒上蔥花，增添香氣及口感。（蔥花處理及刀工請見 33 頁。）

⑧ **鮮味炒手**：可以鮮味炒手代替鹽，味道會更鮮美。

水 WATER

水量—— 500ml

作法 METHOD

01

將飯倒入快煮鍋中。

02

在快煮鍋中加入 500ml 的水。

約6分

03

以湯匙將飯拌開,打開快煮鍋
電源,轉至加熱,蓋上鍋蓋
煮 6 分鐘,直至飯呈濃稠狀。

04

打開鍋蓋,放入馬鈴薯丁、高
麗菜絲、薏仁及小米。

05

加入鮮味炒手。

約8分

06

以湯匙將食材及調味料攪拌均
勻,蓋上鍋蓋,約煮 8 分鐘,
將食材煮熟。

07

盛入碗中,灑上蔥花及紅蔥
酥,即可食用。

小叮嚀

◆ 此為蔬食粥,也可加入豆類製品,如豆干或豆皮
等,增加蛋白質攝取。

◆ 薏仁消暑、退火,消水腫,熱量低,富飽足感,
適合夏天食用。

綠花菜小米粥

		調味料	
飯	約 300g	香菇湯塊	⅓ 塊
小米	30g		
綠花菜	30g		
芹菜末	½ 茶匙		

蟹肉棒小米粥

		調味料	
飯	約 300g	香菇湯塊	⅓ 塊
小米	30g		
蟹肉棒	20g		
芹菜末	½ 茶匙		

豆皮小米粥

		調味料	
飯	約 300g	鮮味炒手	½ 茶匙
小米	30g		
豆皮絲	20g		
香菜末	½ 茶匙		

筍乾小米粥

		調味料	
飯	約 300g	香菇湯塊	⅓ 塊
小米	30g		
筍乾	20g		
香菜末	½ 茶匙		

配菜

Side Dish

小白菜豆皮

配菜

食材 INGREDIENT

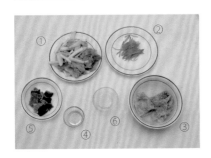

① 小白菜	50g
② 紅蘿蔔絲	20g
③ 豆皮	20g
④ 油	1 茶匙
⑤ 海苔	20g

· 調味料
　⑥ 鮮味炒手　　　　½ 茶匙

食材處理 PROCESS

① **小白菜**：小白菜極易熟，只要川燙一下即可。也可以其他葉菜類代替，如地瓜葉等。

② **紅蘿蔔絲**：紅蘿蔔需先燙熟。（蔬菜川燙請見 27 頁。）

③ **豆皮**：豆皮泡水，泡軟後，可切成絲。

④ **油**：可用沙拉油或其他食用油。

⑤ **海苔**：可增加粥的鮮度及口感。

⑥ **鮮味炒手**：可以其他調味料代替，例如醬油或醬油膏。

水 WATER

水量—— 500ml：
燙青菜的水量可視個人需要斟酌。

作 法 METHOD

加入500ml的水，再加入豆皮。

打開快煮鍋開關。

蓋上鍋蓋。

水滾後，將豆皮撈起。

鍋內水倒掉，加入油。

加入燙熟的豆皮。

以筷子拌炒。

加入燙熟的紅蘿蔔絲。

加入海苔。

加入鮮味炒手。

以筷子拌炒。

加入小白菜。

以筷子拌炒,將小白菜炒熟。

盛盤後,即可食用。

 小叮嚀

　　葉菜類皆可以此方式烹煮,如地瓜葉、萵苣等。

娃娃菜豆皮

配菜

食材 INGREDIENT

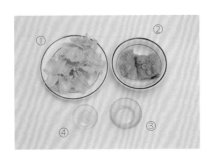

① 娃娃菜 ———————— 50g
② 豆皮 ———————— 20g
③ 油 ———————— 1 茶匙

· 調味料
　④ 鮮味炒手 ———————— ½ 茶匙

食材處理 PROCESS

① **娃娃菜**：洗淨後，切成段。

② **豆皮**：豆皮泡水，泡軟後，可切成絲。

③ **油**：可用沙拉油或其他食用油。

④ **鮮味炒手**：可以其他調味料代替，例如醬油或醬油膏。

水 WATER

水量—— 500ml：
燙青菜的水量可視個人需要斟酌。

作法 METHOD

01

加入 500ml 的水，再加入豆皮。

02

打開快煮鍋開關。

03

蓋上鍋蓋。

04

加入鮮味炒手。

05

加入娃娃菜。

06

加入油，將娃娃菜煮熟。

07

盛盤後，即可食用。

 小叮嚀

葉菜類皆可以此方式烹煮，如地瓜葉、萵苣等。

海帶玉米筍

玉米筍片	50g
海帶絲	20g
油	1 茶匙

調味料

鮮味炒手	½ 茶匙

香菇高麗菜

高麗菜絲	50g
香菇絲	20g
油	1 茶匙

調味料

鮮味炒手	½ 茶匙

竹筍紅蘿蔔

竹筍片	50g
紅蘿蔔絲	20g
油	1 茶匙

調味料

鮮味炒手	½ 茶匙

四季豆鴻喜菇

四季豆片	50g
鴻喜菇	20g
油	1 茶匙

調味料

鮮味炒手	½ 茶匙

洋蔥炒蛋

配菜

食 材　INGREDIENT

① 洋蔥 30g
② 蛋 2 顆
③ 油 1 茶匙
④ 香鬆 ½ 茶匙

・調味料
　⑤ 鮮味炒手 ½ 茶匙

食材處理　PROCESS

① 洋蔥：洗淨後，切成絲。（洋蔥處理及刀工請見 33 頁。）

② 蛋：生蛋需先用筷子攪拌均勻。

③ 油：可用沙拉油或其他食用油。

④ 香鬆：炒蛋盛盤後，可撒上香鬆，增添香氣及口感。

⑤ 鮮味炒手：也可以醬油或醬油膏代替。

水　WATER

水量—— 500ml：
燙青菜的水量可視個人需要斟酌。

作法 METHOD

加入 500ml 的水，再加入洋蔥，打開快煮鍋開關。

將洋蔥燙熟後撈起。

關掉開關，將鍋中水倒掉，加入油。

打開開關，熱油。

加入燙熟的洋蔥。

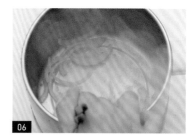

以筷子拌炒。

加入打散的蛋。

以筷子拌炒。

將蛋炒熟。

10 加入鮮味炒手。

11 以筷子拌炒，將調味料攪拌均勻。

12 蓋上鍋蓋，將蛋煮熟。

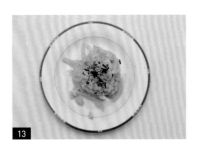

13 盛盤後，撒上香鬆，即可食用。

 小叮嚀

也可以其他蔬菜代替洋蔥，蔬菜需要燙熟後，再與蛋一起炒。

菜脯炒蛋

配菜

食材 INGREDIENT

① 菜脯	20g
② 蛋	2 顆
③ 油	1 茶匙
④ 蔥花	½ 茶匙

食材處理 PROCESS

① 菜脯：洗淨後，切成小丁。（菜脯處理及刀工請見 41 頁。）

② 蛋：生蛋需先用筷子攪拌均勻。

③ 油：可用沙拉油或其他食用油。

④ 蔥花：灑在炒蛋上增加香氣及色澤。

作法 METHOD

01 打開開關，加入油。

02 加入菜脯。

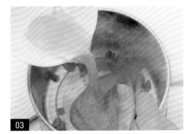

03 加入打散的蛋。

04 以筷子拌炒。

05 將蛋攪拌均勻。

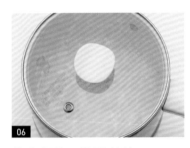

06 蓋上鍋蓋，將蛋煮熟。

07 盛盤後，撒上蔥花，即可食用。

小叮嚀

也可以魩仔魚代替菜脯。

香菇炒蛋

香菇絲 40g
蛋 .... 2 顆
油 .... 1 茶匙

調味料

鹽 .... ½ 茶匙

金針菜炒蛋

金針菜 30g
蛋 .... 2 顆
油 .... 1 茶匙

調味料

鹽 .... ½ 茶匙

海帶炒蛋

海帶末 30g
蛋 .... 2 顆
油 .... 1 茶匙

調味料

鹽 .... ½ 茶匙

泡菜炒蛋

韓式泡菜 20g
蛋 .... 2 顆
油 .... 1 茶匙

調味料

鹽 .... ½ 茶匙

蝦仁蒸蛋

配菜

食 材 INGREDIENT

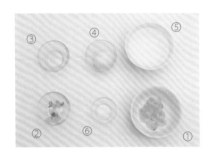

① 蝦仁	20g
② 蔥花	30g
③ 油	1 茶匙
④ 蛋	1 顆
⑤ 水	450ml

・調味料

⑥ 鹽	½ 茶匙

食材處理 PROCESS

① 蝦仁：可以其他海鮮代替，如蛤蜊。

② 蔥花：撒在蒸蛋上，可增加色澤及香氣。

③ 油：增加蒸蛋的滑潤感。

④ 蛋：新鮮的蛋蛋白質濃厚，打蛋的時候，蛋黃較不易易破。

⑤ 水：水的多少會影響蒸蛋的軟硬，若想要口感扎實、硬一些，水可以
加少一些，若想要口感軟嫩、滑潤，水可加多一些。

⑥ 鹽：調味用，可自行斟酌鹹淡。

水 WATER

水量——外鍋 300ml

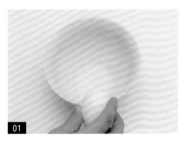

01 以蛋輕敲碗緣。

02 將蛋敲裂。

03 用手自裂縫將蛋殼剝開。

04 讓蛋流進碗中。

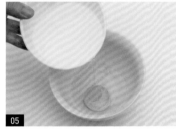

05 將水倒入裝蛋的碗中。

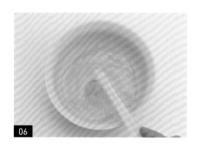

06 以筷子將蛋打散。

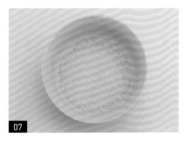

07 讓蛋與水混和。

08 取濾網與另一空碗，準備篩蛋。

09 將蛋倒進濾網中，濾除氣泡及過大的顆粒。

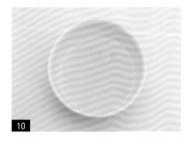

10 蛋以濾網過濾後，蒸熟的蛋會比較細緻綿密。

11 將蝦仁加入碗中。

12 將鹽加入碗中。

13 將鹽攪拌均勻。

14 將蔥花加入碗中。

15 在快煮鍋鍋中放上蒸架。

16 在鍋中加入 300ml 的水。

17 將油加入碗中。

18 將裝有蛋的碗放在蒸架上。

19 以快煮鍋將蛋蒸熟後,即可食用。

 小叮嚀

可以其他海鮮代替蝦仁,如蛤蜊、花枝或蟹肉棒。

漂泊族的
簡易快煮鍋食譜

150 道幸福、美味的 粥品

書　　名　漂泊族的簡易快煮鍋食譜
　　　　　－ 150 道幸福、美味的粥品

作　　者　檬檬、咚咚

發 行 人　程安琪

總 企 劃　程顯灝

總 編 輯　盧美娜

編　　輯　譽緻國際美學企業社・湯曉晶

美　　編　譽緻國際美學企業社・羅光宇

攝　　影　吳曜宇

封面設計　洪瑞伯

初　　版　2019 年 1 月

定　　價　新臺幣 380 元

I S B N　978-986-364-135-3（平裝）

◎ 版權所有・翻印必究

書若有破損缺頁，請寄回本社更換

國家圖書館出版品預行編目 (CIP) 資料

漂泊族的簡易快煮鍋食譜－150 道幸福、
美味的粥品 / 檬檬、咚咚作 .-- 初版 .--
臺北市：橘子文化，2019.1
　　面；　公分
　　ISBN 978-986-364-135-3(平裝)

1. 飯粥 2. 食譜

427.35　　　　　　　　　　107020310

藝文空間　三友藝文複合空間

地　　址　106 台北市大安區安和路 2 段 213 號 9 樓

電　　話　（02）2377-1163

發 行 部　侯莉莉

出 版 者　橘子文化事業有限公司

總 代 理　三友圖書有限公司

地　　址　106 台北市安和路 2 段 213 號 4 樓

電　　話　（02）2377-4155

傳　　眞　（02）2377-4355

E - m a i l　service@sanyau.com.tw

郵政劃撥　05844889 三友圖書有限公司

總 經 銷　大和書報圖書股份有限公司

地　　址　新北市新莊區五工五路 2 號

電　　話　（02）8990-2588

傳　　眞　（02）2299-7900

http://www.ju-zi.com.tw

三友官網

三友 Line@

親愛的讀者：

感謝您購買《漂泊族的簡易快煮鍋食譜－150道幸福、美味的粥品》一書，為感謝您的支持與愛護，只要填妥本回函，並寄回本社，即可成為三友圖書會員，將定時提供新書資訊及各種優惠給您。

1 您從何處購得本書？
□博客來網路書店 □金石堂網路書店 □誠品網路書店 □其他網路書店
□實體書店_____

2 您從何處得知本書？
□廣播媒體 □臉書 □朋友推薦 □博客來網路書店 □金石堂網路書店
□誠品網路書店 □其他網路書店_____□實體書店_____

3 您購買本書的因素有哪些？(可複選)
□作者 □內容 □圖片 □版面編排 □其他_____

4 您覺得本書的封面設計如何？
□非常滿意 □滿意 □普通 □很差 □其他_____

5 非常感謝您購買此書，您還對哪些主題有興趣？(可複選)
□中西食譜 □點心烘焙 □飲品類 □瘦身美容 □手作DIY
□養生保健 □兩性關係 □心靈療癒 □小說 □其他_____

6 您最常選擇購書的通路是以下哪一個？
□誠品實體書店 □金石堂實體書店 □博客來網路書店 □誠品網路書店
□金石堂網路書店 □PC HOME網路書店 □Costco
□其他網路書店_____ □其他實體書店_____

7 若本書出版形式為電子書，您的購買意願？
□會購買 □不一定會購買 □視價格考慮是否購買 □不會購買
□其他_____

8 您是否有閱讀電子書的習慣？
□有，已習慣看電子書 □偶爾會看 □沒有，不習慣看電子書
□其他_____

9 您認為本書尚需改進之處？以及對我們的意見？
_____

10 日後若有優惠訊息，您希望我們以何種方式通知您？
□電話 □E-mail □簡訊 □書面宣傳寄送至貴府 □其他_____

謝謝您的填寫，
您寶貴的建議是我們進步的動力！

姓名_____ 出生年月日_____

電話_____ E-mail_____

通訊地址_____